Somayeh Asadi Haris
Shafinaz Shahir
Zaharah Ibrahim

Bactérias Psicrotróficas em Alimentos Estragados

Somayeh Asadi Haris
Shafinaz Shahir
Zaharah Ibrahim

Bactérias Psicrotróficas em Alimentos Estragados

Um estudo de isolamento e caraterização de bactérias psicrotróficas resistentes a metais

ScienciaScripts

Imprint
Any brand names and product names mentioned in this book are subject to trademark, brand or patent protection and are trademarks or registered trademarks of their respective holders. The use of brand names, product names, common names, trade names, product descriptions etc. even without a particular marking in this work is in no way to be construed to mean that such names may be regarded as unrestricted in respect of trademark and brand protection legislation and could thus be used by anyone.

Cover image: www.ingimage.com

This book is a translation from the original published under ISBN 978-3-659-80173-0.

Publisher:
Sciencia Scripts
is a trademark of
Dodo Books Indian Ocean Ltd. and OmniScriptum S.R.L publishing group

120 High Road, East Finchley, London, N2 9ED, United Kingdom
Str. Armeneasca 28/1, office 1, Chisinau MD-2012, Republic of Moldova, Europe
Printed at: see last page
ISBN: 978-620-8-06173-9

Índice

Prefácio

Este livro é uma compilação do trabalho de investigação da minha aluna Somayeh Asadi Haris, realizado durante o seu estudo de Mestrado em Biotecnologia na Universiti Teknologi Malaysia (UTM). O objetivo deste estudo foi isolar e caraterizar os psicrotróficos e, subsequentemente, analisar a sua resistência a antibióticos e metais. Além disso, os psicrotróficos resistentes a metais poderiam ser utilizados na bioremediação de ambientes contaminados com metais pesados a temperaturas baixas ou elevadas.

Resumo

O objetivo deste estudo foi isolar e caraterizar algumas das bactérias psicrotróficas que eram resistentes a antibióticos e a metais. Para esta investigação, as bactérias psicrotróficas do gelo e dos alimentos estragados foram recolhidas, respetivamente, de um congelador e de um frigorífico a -20°C. O isolamento foi efectuado a várias temperaturas de incubação (30°C, 20°C, 10°C, 4°C e -20°C). Uma vez que a temperatura óptima foi encontrada a 20°C, todos os testes de caraterização foram realizados a esta temperatura. Todas as bactérias isoladas foram examinadas quanto à sua resistência aos antibióticos (cloranfenicol, ampicilina, canamicina, tetraciclina e canamicina) a 20°C. Os resultados demonstraram uma caraterística sugestiva de resistência múltipla aos medicamentos nalgumas bactérias. As bactérias H, isoladas a 10°C, e F, isoladas a 4°C, com resistências antibióticas mais elevadas foram testadas quanto à sua tolerância a iões metálicos, tais como Cd^{2+} , Zn^{2+} Cr^{6+} e As^{3+} em concentrações que variam de 0 - 10 mM. Os resultados do teste MIC revelaram que a concentração inibitória mínima para o isolado H foi determinada em 2 mM para todos os iões metálicos. No entanto, verificou-se que o isolado F era altamente tolerante a $Cr^{6+,}$ Cd^{2+} e Zn^{2+} até uma concentração de 10 mM de cada ião metálico com 60%, 78% e 60% de inibição do crescimento, respetivamente. Os resultados da comparação dos genes 16S rRNA revelaram que o isolado H tem uma correspondência de 98% com a estirpe SBTBC-008 de *Bacillus cereus* e que o isolado F tem uma correspondência de 98% com *Bacillus sp.* De acordo com os resultados da coloração e dos testes bioquímicos (esporos e gram positivos), é muito plausível que o isolado F seja uma *espécie de Bacillus.* Observou-se que o isolado F pode ser um bom candidato a ser aplicado na biorremediação de metais na área da biotecnologia.

Palavras-chave:

psicrotrófico, resistente a metais, bioremediação, metais pesados, *Bacillus*

Capítulo 1: Introdução

1.1 Introdução

Os psicrotróficos de P prosperam em ambientes frios devido a caraterísticas únicas como proteínas de choque frio, ácidos gordos curtos e insaturados nas membranas, enzimas com elevada atividade específica, termolabilidade e alterações genéticas às mudanças térmicas (Ahmad *et al.*, 2009). Existe um vasto potencial inexplorado para a exploração de microrganismos psicrotróficos e dos seus produtos e enzimas para utilização em processos biotecnológicos. Na tentativa de definir a base dos psicrotróficos, é dada atenção à termolabilidade das enzimas-chave e à adaptação molecular da atividade enzimática. Além disso, as adaptações moleculares das proteínas psicrotróficas são variadas.

1.2 Antecedentes

Há várias décadas que as bactérias psicrotróficas são reconhecidas como um problema recorrente no armazenamento refrigerado e na distribuição de alimentos líquidos. Por conseguinte, os psicrotróficos têm recebido uma atenção crescente por parte dos investigadores nos últimos anos. As bactérias psicrotróficas são maioritariamente gram positivas e causam a deterioração dos alimentos. As enzimas lipolíticas extracelulares produzidas pelos psicrotróficos podem resultar em efeitos deletérios como sabores e odores rançosos nos alimentos, leite e produtos lácteos que causam uma redução subsequente do prazo de validade, e os produtos tornam-se inaceitáveis para os consumidores (Amer *et al.,* 2005). Os primeiros estudos demonstraram que os ribossomas das bactérias psicrotróficas tinham propriedades especiais que lhes permitiam funcionar eficientemente (Russell, 1997). A maioria das bactérias psicrotróficas produz proteases e lipases resistentes ao calor, capazes de sobreviver ao tratamento térmico comercial, mesmo após a distribuição das bactérias que produzem estas enzimas. Em concentrações muito baixas, estas enzimas causam lipólise e proteólise no leite e nos produtos lácteos (Alatossava *et al.,* 2006).

Não só os psicrotróficos causam a deterioração do leite e dos seus produtos, como também alguns deles estão listados como agentes patogénicos de origem alimentar. As *Pseudomonas* spp. produzem um grande número de toxinas extracelulares, que incluem fator fitotóxico, pigmentos, ácido cianídrico, enzimas proteolíticas, fosfolipase e enterotoxinas. As exotoxinas são os factores mais responsáveis pela patogenicidade *de Pseudomonas* spp. porque podem produzir leucopoenia, colapso circulatório, necrose do fígado, odema pulmonar, hemorragia e necrose tubular renal. A enterotoxina produzida é responsável pela doença diarreica.

As temperaturas mais elevadas durante períodos mais curtos foram menos eficazes na destruição das *Pseudomonas* spp. do que a temperatura durante períodos mais longos, porque as condições criadas no leite a temperaturas elevadas podem favorecer as células lesionadas. Geralmente, são consideradas incapazes de sobreviver à pasteurização, e podem ter contaminação pós-processamento. Apesar de poderem causar gastroenterite se ingeridas em grande número ($>10^6$), os alimentos estariam claramente estragados antes de atingir esse número (Russell, 1997). A informação anterior indica que os psicrotróficos continuam a ser inevitáveis porque estão amplamente distribuídos na natureza, resistem aos desinfectantes e podem libertar enzimas estáveis ao calor, causando a deterioração dos alimentos, e alguns deles são considerados agentes patogénicos de origem alimentar. Este conhecimento aumenta a atenção para a forma como a restrição destes microrganismos deve ser feita.

Existe um consenso geral de que a utilização generalizada de agentes antimicrobianos impôs uma forte pressão selectiva que contribuiu para o aparecimento de microrganismos multirresistentes (Alatossava *et al.,* 2006). Além disso, muitos estudos anteriores observaram que as bactérias resistentes aos metais são também resistentes a muitos antibióticos e a outros produtos químicos tóxicos em virtude de transportarem plasmídeos e/ou transposões que codificam a resistência aos metais e aos antibióticos geneticamente ligados. Assim, muitos psicrotróficos, para além de apresentarem caraterísticas de deterioração, são também resistentes aos metais e aos antibióticos. A resistência aos metais/antibióticos está também ligada à cromogénese, como se viu nos últimos estudos. Sabe-se que os plasmídeos são portadores de resistência a antibióticos e metais (De Souza *et al.*, 2006).

1.3 O objetivo do estudo

O objetivo deste estudo foi caraterizar algumas das bactérias psicrotróficas que são resistentes a antibióticos e a metais. Além disso, este estudo pode ajudar na procura de novas enzimas com capacidade de bioremediação para aplicação biotecnológica.

1.4 Declaração do problema

Os psicrotróficos continuam a ser inevitáveis porque estão amplamente distribuídos na natureza, resistem aos desinfectantes e podem libertar enzimas estáveis ao calor, causando a deterioração dos alimentos, e alguns deles são considerados agentes patogénicos de origem alimentar. Além disso, muitos psicrotróficos são resistentes aos antibióticos. Consequentemente, estas bactérias podem causar problemas económicos e de saúde humana.

1.5 Importância da investigação

Este estudo pode ajudar a identificar bactérias psicrotróficas com resistência a metais e antibióticos em alimentos refrigerados. A investigação relacionada com estas bactérias tem atraído a atenção dos cientistas devido ao seu impacto na economia e na saúde humana. Além disso, os psicrotróficos isolados neste estudo podem ser pesquisados para novas enzimas com potenciais aplicações biotecnológicas, tais como biorremediadores de contaminação por metais em ambientes frios.

Capítulo 2: Revisão da literatura

2.1 Introdução

Neste capítulo, as quatro principais questões do estudo foram discutidas resumidamente. Foram eles as bactérias psicrotróficas, as taxas de crescimento e a atividade dos psicrotróficos, a fisiologia dos microrganismos adaptados ao frio, a cinética do crescimento a baixa temperatura, a composição lipídica e a fluidez das membranas a baixa temperatura, as enzimas adaptadas ao frio, a deterioração dos alimentos, as bactérias psicrotróficas e a deterioração dos alimentos, as bactérias psicrotróficas isoladas de um congelador a -20°C, a resistência dos psicrotróficos aos antibióticos e aos metais, a bioremediação. Cada um deles foi enumerado separadamente em secções consecutivas.

2.2 Bactérias psicrotróficas

Muitas bactérias são capazes de crescer em condições ambientais extremas. Um grande número de bactérias pode sobreviver em condições ambientais adversas, como em fontes termais ácidas, regiões polares, água fria, salinas, superfícies rochosas secas, desertos ou em profundidade no mar. Estas bactérias conseguem sobreviver a estas más condições devido à sua capacidade de se adaptarem rapidamente ao ambiente que as rodeia. A fisiologia e as condições de crescimento dos microrganismos, bem como a temperatura do seu ambiente, são os três principais factores que influenciam a adaptabilidade dos microrganismos, uma vez que estes factores afectam o interior das células. Algumas bactérias, chamadas termófilas, podem crescer a altas temperaturas. Algumas, chamadas marsupiais, podem crescer a temperaturas intermédias, enquanto outras, chamadas psicrófilas, podem crescer a baixas temperaturas (Hebraud e Potier, 1999).

Os psicrófilos são subdivididos em psicrófilos sensu stricto e psicrotróficos. Os primeiros têm temperaturas óptimas de crescimento inferiores a 15°C e um limite superior de 20°C, e os segundos têm uma temperatura óptima de cerca de 20-25°C e também podem crescer a 0°C ou menos (Morita, 1975). Descobriu-se que muitas bactérias crescem perto de 0°C (baixa temperatura). Essas bactérias que crescem a baixas temperaturas foram indicadas como sendo muito difundidas. Foram estudadas e investigadas em água congelada nos canais de Amesterdão; no entanto, mais tarde, Herbert, em 1986, provou que essas bactérias investigadas por Forster estavam relacionadas com a deterioração dos alimentos. Desde então, a congelação dos alimentos para evitar a sua deterioração tornou-se mais preocupante. Desde então, a palavra psicrófilo foi utilizada para designar as bactérias capazes de crescer nos alimentos a baixas temperaturas. Os psicrófilos podem crescer rapidamente a 0°C, mas crescem menos rapidamente abaixo dos 20°C. Ainda assim, a temperatura óptima de crescimento era vaga devido ao método de medição do crescimento bacteriano por vários trabalhadores (Herbert, 1986).

Mais tarde, Eddy (1960) definiu o termo psicotrópico como bactérias que podem tolerar ambientes frios e que crescem a temperaturas superiores a 0°C, mas não a temperaturas mesófilas. Sugeriu a palavra psicrotróficos para os organismos que podem crescer a 5°C ou menos, independentemente da temperatura óptima, mas as bactérias que crescem a temperaturas muito baixas seriam chamadas psicrófilas.

A gama de temperaturas mínimas dos psicrotróficos é de -5 a + 5°C e a gama de crescimento óptima é de 25 a 30°C, mas a gama de temperaturas mínimas dos psicrófilos é de -5 a + 5°C e a sua taxa de crescimento óptima é de 12 a I5°C. A faixa de temperatura máxima de crescimento dos psicrotróficos é de 30 a 35°C, mas a faixa de temperatura máxima de crescimento dos psicrotróficos é de 15 a 20°C. Com base na definição de Eddy, mais tarde, as bactérias que crescem a 0°C, mas que não correspondem necessariamente aos requisitos de temperatura máxima e óptima dos psicrófilos, foram consideradas psicrotróficas (Eddy, 1960). Apesar da temperatura óptima de crescimento, em 1976, um psicrotrófico foi descrito como uma bactéria que pode crescer a 7°C ou menos. Diferentes tipos de bactérias são classificados como psicrotróficos, incluindo bactérias Gram negativas e Gram positivas, aeróbios, anaeróbios e organismos facultativos, formadores de esporos e não formadores de esporos, bactérias móveis e não móveis, bastonetes, cocos e vibriões. Um grande número de ecossistemas terrestres e aquáticos do clima mundial é psicrófilo sazonal ou sazonalmente frio, e as bactérias psicrotróficas são investigadas na água. Uma vez que a maior parte da terra é ocupada por água, e 90% do seu volume é inferior a 5°C, os principais colonizadores da terra são estas bactérias (Russell, 1997).

2.3 Taxas de crescimento e atividade dos psicrotróficos

A temperatura desempenha o papel mais importante no crescimento de um organismo. Em estudos mais antigos, os factores que influenciam a deteção da temperatura mínima de crescimento, tais como os inóculos e o substrato, não foram bem determinados. A temperatura de crescimento necessária também não foi determinada. Quando a temperatura óptima de crescimento de uma bactéria diminui para alguns níveis, a fase de atraso e o tempo de geração serão prolongados; por conseguinte, a taxa de crescimento diminuirá drasticamente. Os efeitos gerais da redução da temperatura em relação à temperatura óptima de crescimento são o aumento do período de latência e do tempo de geração, abrandando assim o crescimento e, eventualmente, provocando a sua paragem. Quando a temperatura é demasiado baixa, as bactérias permanecerão na fase de atraso durante mais tempo (James, *et al,* 2004).

Tanto os psicrotróficos como os mesófilos podem crescer quando a temperatura do meio é a mesma (bastante baixa), mas os mesófilos terão uma fase de atraso mais longa do que os psicrotróficos. Para além da temperatura, existem outros factores que influenciam o crescimento de psicrotróficos e psicrófilos, incluindo as condições físicas e nutricionais do meio, substâncias inibidoras e materiais estimulantes. Quando a temperatura é alterada, o sistema de transporte é afetado. A absorção de substratos num transporte será afetada quando a temperatura for muito superior ou muito inferior à que as bactérias (psicrotróficas e psicrófilas) podem tolerar, embora as bactérias psicrotróficas produzam mais enzimas extracelulares quando a temperatura é inferior à temperatura óptima de crescimento. Além da baixa temperatura, alguns outros factores podem ter um efeito adverso no crescimento das bactérias, como a baixa atividade da água, o controlo do pH, o potencial crítico de oxidação e redução e o aumento do CO.

A inibição do crescimento pode ser reforçada pela utilização de outros factores limitantes juntamente com as baixas temperaturas, por exemplo, baixa atividade da água (Aw), controlo do pH, potencial crítico de oxidação-redução, aumento do CO, níveis na atmosfera de armazenamento e composto antimicrobiano. Em situações em que os factores ambientais são limitantes, a temperatura mínima de crescimento dos psicrotróficos pode aumentar para a temperatura de crescimento dos mesófilos. Eventualmente, a preservação dos alimentos por meio de estufagem é essencial. As bactérias também podem sobreviver em temperaturas frias inferiores à temperatura mínima de crescimento e, assim, permanecerão vivas enquanto os alimentos estiverem congelados.

2.4 Fisiologia dos microrganismos adaptados ao frio

Existem diferentes tipos de bactérias psicrotróficas na natureza. Para além de mecanismos desenvolvidos ao longo da evolução, os psicrotróficos pertencem a géneros extremamente diversificados e, para além de mecanismos desenvolvidos ao longo da evolução, a adaptação a constrangimentos térmicos idênticos pode revelar mecanismos moleculares simples que provocam a manutenção de funções celulares vitais a baixas temperaturas. Os psicrotróficos podem tolerar temperaturas amenas; no entanto, têm o seu maior crescimento a temperaturas de congelação ou abaixo de zero.

Os psicrotróficos são mais abundantes do que os psicrófilos. Os psicrotróficos são maiores em quantidade e número de espécies, mesmo em ambientes frios. Normalmente, estão expostos a mudanças rápidas de temperatura no ambiente e podem crescer até 40°C, embora a maioria das outras bactérias cresça a temperaturas não superiores a 30°C. A capacidade das bactérias para suportar tais alterações de temperatura está ligada a alterações adaptativas em resposta a diferentes alterações de parâmetros físico-químicos, tais como a solubilidade, a fluidez da membrana, a cinética da reação, a conformação e estabilidade das proteínas e as alterações na expressão genética. Os factores bioquímicos que influenciam a tolerância do organismo a diferentes temperaturas são complicados e incluem um grande número de fenómenos que interagem entre si (Hebraud e Potier, 1999).

2.5 Cinética de crescimento a baixa temperatura

Uma série de reacções químicas inter-relacionadas resulta no crescimento de um organismo. A equação de Arrhenius é aplicada para determinar os efeitos da temperatura, em que o logaritmo da constante da taxa de crescimento específico é traçado contra o recíproco da temperatura absoluta em graus Kelvin. Um intervalo de temperatura fisiologicamente normal para o crescimento bacteriano encontra-se na parte linear descendente da curva e indica a obediência da taxa de crescimento à temperatura no princípio de Arrhenius relativamente a uma reação química. Quando as temperaturas não se encontram no intervalo adequado, a linearidade é perturbada e, devido à diminuição da taxa de crescimento, a curva acaba por se tornar vertical.

A curva de Arrhenius é a mesma para todos os tipos de bactérias para psicrotróficos e psicrófilos, as temperaturas cardinais (isto é, máxima, óptima e mínima) são mais baixas. As temperaturas indutoras de stress são temperaturas que se situam fora da gama linear das curvas de Arrhenius de todas as bactérias; o que falta explicar é a razão pela qual o desvio da linearidade ocorre entre 5 e 10°C para os psicrotróficos e abaixo de 0°C para os psicrófilos. Por conseguinte, a adaptação genotípica a temperaturas muito baixas pode representar a soma de muitos pontos finais de adaptações fenotípicas da estrutura/metabolismo celular, que podem ser alcançadas em vários graus por diferentes microrganismos (Gounot, 1999).

2.6 Composição lipídica e fluidez da membrana a baixa temperatura

Os mecanismos de um microrganismo para manter a fluidez da sua membrana a baixas temperaturas são temas interessantes que têm sido bem estudados. A composição dos lípidos nos psicrotróficos e psicrófilos foi também estudada (Herbert, 1986).

Quando a temperatura é baixa, um microrganismo mantém a fluidez da sua membrana através de diferentes estratégias, incluindo o aumento do rácio de resíduos de ácidos gordos insaturados e/ou ligações duplas cis e o encurtamento da cadeia. Com base nas diferentes composições de ácidos gordos na membrana das bactérias, concebe-se que esses ácidos gordos desempenham o papel principal na manutenção da psicrofilia.

2.7 Enzimas adaptadas ao frio

As proteínas estruturais e metabólicas dos psicotrópicos são activas a baixas temperaturas em comparação com os mesófilos. No entanto, a ativação da catálise bacteriana a baixas temperaturas é um problema termodinâmico. As bactérias psicrófilas e psicrotróficas podem produzir mais enzimas ou produzir enzimas caracterizadas por taxas de reação independentes da temperatura (Feller *et al.*, 1997). A primeira possibilidade parece energeticamente dispendiosa e não pode ser alargada a todo um organismo, enquanto que as enzimas perfeitamente evoluídas são bastante raras. As enzimas encontradas nas bactérias psicrófilas e psicrotróficas são mais termolábeis em contraste com as enzimas mesófilas; no entanto, têm maior atividade em ambientes frios. É comummente considerado que as bactérias psicrófilas e psicrotróficas obtiveram uma elevada flexibilidade conformacional durante a evolução, o que pode ser a razão para uma maior eficiência catalítica e a sua estabilidade térmica a baixas temperaturas (Feller *et al.*, 1997).

Tem havido uma investigação sobre a flexibilidade conformacional e a atividade enzimática das enzimas adaptadas ao frio, a sua relação foi estudada e comparada com os seus homólogos mesófilos: a beta lactamase do psicrófilo antártico Psychrobacter immobilize A5 (Feller *et al.*, 1997). As enzimas proteolíticas produzidas pelos psicrotróficos no leite são mais potentes na sua ação sobre as proteínas do leite do que as naturalmente presentes no leite e são produzidas pelos leucócitos mesmo quando presentes em grande quantidade (Amer *et al.*, 2005). As estruturas proteicas são flexíveis. Supõe-se que obtêm a sua flexibilidade por diferentes meios, tais como a redução das interações fracas não covalentes electrostáticas (incluindo pontes salinas, interações polares entre cadeias laterais aromáticas e ligações de hidrogénio) e a redução da hidrofobicidade, mas as proteínas não obedecem a uma estratégia fixa para manter a sua flexibilidade. Cada uma das modificações pode ser regulada para manter a flexibilidade das enzimas (Feller *et al.*, 1997).

A manutenção da flexibilidade de uma molécula a baixas temperaturas não se limita às suas proteínas. De acordo com estudos anteriores, a abundância de dihidrouridina no ARNt de três bactérias psicrotrófilas conduz à flexibilidade conformacional e ao movimento dinâmico do ARN a baixas temperaturas (Dalluge *et al.*, 1997). Estes factores ajudam as bactérias a continuar a crescer em situações adversas, enquanto o movimento térmico, as taxas de reação enzimática e as interações intermoleculares das biomoléculas estão em boa cooperação. No entanto, a razão exacta para a sobrevivência e o crescimento de psicrófilos e psicrotróficos a temperaturas próximas ou inferiores a zero ainda não foi detectada, mas existem definitivamente alguns mecanismos que permitem aos organismos crescer a temperaturas tão baixas. A presença de proteínas de aclimatação ao frio (Caps) distingue os psicrotróficos dos mesófilos, e esta é provavelmente a principal razão para a manutenção do crescimento dos psicrotróficos a baixas temperaturas. Além disso, o estudo do papel das Caps pode dar-nos mais informações sobre a psicrofilia (Hébraud e Potier, 1999).

2.8 Deterioração de alimentos

Embora tenha havido muitos avanços na tecnologia alimentar, a deterioração dos alimentos ainda parece ser um problema, e grandes quantidades de alimentos estragam-se devido à presença de qualquer bactéria. Se houver um conhecimento eficiente sobre a origem dos alimentos, a base do substrato e alguns parâmetros centrais de conservação, tais como a temperatura, a atmosfera e o pH, os tipos de bactérias envolvidas no armazenamento e na deterioração dos alimentos seriam relativamente determinados. De acordo com esta informação, seria necessária uma análise sensorial, química e microbiológica mais pormenorizada para determinar o organismo de deterioração específico. As bactérias responsáveis pela deterioração dos alimentos podem ser confirmadas com base nas caraterísticas físicas e químicas; no entanto, em alguns produtos alimentares, a presença e a interatividade entre diferentes bactérias podem causar a deterioração dos alimentos (Gram *et al.*, 2002).

Com a melhoria da tecnologia alimentar e a necessidade de refrigeração para a conservação dos alimentos, foram desenvolvidos estudos sobre as bactérias psicrotróficas. A presença de psicrotróficos é a principal causa de deterioração dos alimentos refrigerados e de intoxicação alimentar.

2.9 Bactérias psicrotróficas e deterioração dos alimentos

As enzimas produzidas por bactérias psicrotróficas, tais como proteases e lipases, são a principal causa de deterioração dos alimentos, pelo que a presença e o crescimento destas bactérias são motivo de preocupação na indústria alimentar. A produção de enzimas extracelulares por estas bactérias resiste à pasteurização e mesmo ao processamento a temperatura ultra-alta (UHT) (Law, 1979). A deterioração dos alimentos ocorre normalmente no leite e nos produtos lácteos, como o queijo e o iogurte, e as bactérias psicrotróficas são a principal causa da sua deterioração.

Com base num estudo realizado, a principal causa de deterioração em 27% do queijo fresco foram os psicrotróficos antes da data de validade (Hankin *et al.*, 1975). No leite cru de vaca, existem bactérias psicrotróficas Gram-negativas e Gram-positivas. *Pseudomonas* é o principal género Gram-negativo, enquanto *Leuconostoc, Enterococcus* e *Lactococcus* são os principais géneros Gram-positivos encontrados em alimentos estragados (Santos, 1996).

2.10. Bactérias psicrotróficas isoladas de um congelador a -20°C

Um ambiente especial para as bactérias psicrotróficas pode ser a água gelada sob a forma de tundra, glaciar, neve ou nuvem (Staley *et al.*, 2002), pelo que as bactérias psicrotróficas seriam isoladas de câmaras frigoríficas, cabinas de gelo, gelados, congeladores, oceanos congelados e glaciares. As bactérias psicrotróficas podem viver mais tempo do que as psicrófilas e, por conseguinte, são notórias pela contaminação dos alimentos em câmaras frigoríficas e cabinas de congelação, como os congeladores de gelados (Kanbakan *et al.*, 2004). Os esporos de diferentes espécies de *Bacillus* são muito resistentes a condições ambientais adversas e são metabolicamente inactivos, pelo que é provável que sejam um tipo de bactéria envolvida na deterioração dos alimentos e que cause intoxicação alimentar (Ghosh *et al.*, 2008).

De acordo com uma investigação sobre diferentes tipos de bactérias psicrotróficas, foram isoladas três estirpes de *Bacillus* a -20°C, incluindo *Bacillus subtilis, Bacillus licheniformis* e *Bacillus megaterium.* Todas as três estirpes podem crescer a 6°C na presença de glicerol, mas não a 40°, e foram resistentes aos antibióticos. Com base nos perfis de crescimento das três estirpes e nas suas caraterísticas bioquímicas, eram muito semelhantes aos homólogos mesófilos; no entanto, tinham a capacidade de se adaptar a baixas temperaturas (Ahmad *et al.*, 2009). O isolamento destas três estirpes poderia ajudar na caraterização de contaminantes alimentares em congeladores, na compreensão do mecanismo de resistência aos antibióticos a baixas temperaturas e poderia também ser utilizado como fonte de enzimas psicotrópicas. Estes psicotrofos podem sobreviver a 0°C na presença de glicerol.

2.11. Psicrotróficos resistência a antibióticos e metais

2.11.1. Resistência aos antibióticos

A resistência aos antibióticos é um fenómeno grave e crescente na medicina contemporânea e emergiu como uma das principais preocupações de saúde pública do século XXI, particularmente no que diz respeito aos organismos patogénicos.

2.11.1.1 Mecanismos de resistência aos antibióticos

As bactérias podem manifestar resistência aos medicamentos antibacterianos através de uma variedade de mecanismos. Algumas espécies de bactérias são inatamente resistentes a apenas uma classe de agentes antimicrobianos. Nesses casos, todas as estirpes dessa espécie bacteriana são igualmente resistentes a todos os membros dessas classes de antibacterianos. Vários mecanismos de resistência antimicrobiana são facilmente disseminados por uma variedade de géneros bacterianos. Em primeiro lugar, o organismo pode adquirir genes que codificam enzimas, como as -lactamases, que destroem o agente antibacteriano antes que este possa ter efeito. Em segundo lugar, as bactérias podem adquirir bombas de efluxo que expulsam o agente antibacteriano da célula antes que este possa atingir o seu local alvo e exercer o seu efeito. Em terceiro lugar, as bactérias podem adquirir vários genes para uma via metabólica que, em última análise, produz paredes celulares bacterianas alteradas que já não contêm o local de ligação do agente antimicrobiano, ou as bactérias podem adquirir mutações que limitam o acesso dos agentes antimicrobianos ao local-alvo intracelular através da regulação negativa dos genes da porina (Tenover, 2006).

Assim, populações de bactérias normalmente susceptíveis podem tornar-se resistentes a agentes antimicrobianos através de mutação e seleção ou adquirindo de outras bactérias a informação genética que codifica a resistência. As bactérias também desenvolvem resistência através da aquisição de novo material genético de outros organismos resistentes. Este processo é designado por evolução horizontal e pode ocorrer entre estirpes da mesma espécie ou entre diferentes espécies ou géneros de bactérias. Os mecanismos de troca genética incluem a conjugação, a transdução e a transformação (Manus,

1997)

2.11.1.2 Tipos de ação dos antibióticos

Existem muitos tipos de ação recomendados para os antibióticos que perturbam a bactéria depois de esta reagir com eles. Um dos modos recomendados de ação dos antibióticos é que podem levar à diminuição de componentes celulares importantes através da permeação da membrana plasmática e da perturbação da membrana (Campbell *et al.*, 2007). Os antibióticos também são capazes de inibir a síntese de ácidos nucleicos na célula bacteriana. A célula acabaria por sofrer lise, uma vez que o metabolismo dos ácidos nucleicos é vital para o crescimento da célula bacteriana (Russell e Chopra, 1996). Os antibióticos podem igualmente perturbar a produção das paredes celulares bacterianas. A lise celular seria o último resultado, uma vez que o mecanismo da célula acabaria por ser destruído por não ser inflexível para resistir a pressões ambientais e qualificadas (Kapil, 2005).

Os antibióticos podem também inibir a síntese proteica de uma bactéria específica. Isto acontece porque os antibióticos se identificam e se ligam ao ribossoma da bactéria, proibindo a produção de cadeias polipeptídicas. No entanto, a infração da cadeia polipeptídica tem como objetivo causar a morte celular ou a lise, porque sem a produção de proteínas, a célula não é capaz de ser metabolicamente ativa (Russell e Chopra, 1996). A Tabela 2.1 mostra o modo de ação de diferentes antibióticos sobre o ribossoma de uma bactéria, inibindo a síntese proteica de um determinado microrganismo.

Tabela 2.1: Ação dos antibióticos nos ribossomas bacterianos (Fonte: Autores)

Ribossomas	**Antibiótico**	**Ação**
30S	**Aminoglicosídeos**	Bloqueia o início da tradução e provoca a leitura incorrecta
	Tetraciclinas	Bloquear a ligação do Trna ao ribossoma
50S	**Macrólidos**	Impedir a continuação da síntese proteica
	Cloranfenicol	Evita a formação de ligações peptídicas
	Lincosamidas	Impedir a continuação da síntese proteica
	Oxazolidinonas	Interferir com o início da síntese proteica
	Estreptograminas	Cada um interfere com uma fase distinta da síntese proteica

2.11.1.3 Bactérias psicrotróficas efeitos de resistência aos antibióticos

Para além disso, os antibióticos utilizados atualmente têm revelado efeitos significativos na saúde humana, uma vez que a União Europeia proibiu a utilização de determinados antibióticos (Casewell *et al.,* 2003). Verificou-se que a presença de antibióticos destrói certos microrganismos no interior dos seres humanos que são considerados necessários para a digestão, ao mesmo tempo que produz toxinas que inibem o crescimento de qualquer outro microrganismo presente, o que pode ter um efeito prejudicial na saúde de um determinado indivíduo. Por conseguinte, é extremamente crucial no mundo moderno atual que os novos antibióticos melhorados sejam produzidos de forma extremamente eficaz e não tenham um impacto negativo na saúde humana (Cox, 2006). Existem várias implicações ou efeitos que podem resultar da presença de microrganismos resistentes aos antibióticos. O primeiro grande impacto seria o aumento das taxas de insucesso do tratamento, que se deve ao facto de os antibióticos não serem capazes de inibir a atividade bacteriana que causa uma determinada infeção ou doença. Os outros efeitos importantes que isto teria são os maus resultados na recuperação dos doentes, bem como o aumento das taxas de mortalidade devido ao insucesso dos tratamentos de infecções ou doenças bacterianas (Jayaraman, 2009). A sensibilidade aos antibióticos de um isolado psicrotrófico obtido a partir de leite pasteurizado foi investigada por Alatossava (2006). Ele tentou classificar algumas das espécies que podem estar a deteriorar o leite cru, a duração da cadeia de frio do transporte e o armazenamento.

Souza (2006) efectuou um estudo em águas antárcticas sobre a distribuição de bactérias psicrotróficas resistentes a metais e antibióticos. Os isolados bacterianos dessas águas mostraram graus variáveis de resistência a antibióticos (cloranfenicol, ampicilina, estreptomicina, tetraciclina e canamicina) e metais (K2CrO4, CdCl2, ZnCl2 e HgCl2). Foram observadas resistências múltiplas a medicamentos e a metais. A elevada frequência de persistência a antibióticos e metais foi comum entre os isolados bacterianos pigmentados. O aumento da resistência diminuiu a capacidade de comunicação das bactérias com as enzimas (Souza *et al.,* 2006).

2.11.2 Resistência dos metais

Os metais desempenham um papel vital nos processos metabólicos do biota. Alguns dos metais pesados são necessários aos organismos como micro nutrientes (cobalto, crómio e zinco, etc.) e são conhecidos como "oligoelementos" (Bruins *et al.,* 2000). Estão envolvidos em processos redox para estabilizar as moléculas através de interações electrostáticas, como catalisadores em reacções enzimáticas e regulando o equilíbrio osmótico (Hussein *et al.,* 2005). Por outro lado, alguns outros metais pesados não têm qualquer papel biológico e são prejudiciais para os organismos mesmo em concentrações muito baixas (arsénio e cádmio). No entanto, a níveis elevados, tanto os metais essenciais como os não essenciais tornam-se tóxicos para os organismos.

Os metais pesados influenciam a população microbiana, afectando o seu crescimento, morfologia, actividades bioquímicas e, em última análise, resultando numa diminuição da biomassa e da diversidade (Roane *et al.,* 1999). Os metais pesados podem danificar as membranas celulares, alterar a especificidade das enzimas, perturbar as funções celulares e danificar a estrutura do ADN. A toxicidade destes metais pesados ocorre através da deslocação de metais essenciais dos seus sítios de ligação nativos ou através de interações de ligandos (Bruins *et al.*, 2000). Além disso, a toxicidade pode ocorrer em resultado de alterações na estrutura conformacional dos ácidos nucleicos e das proteínas, bem como da interferência na fosforilação oxidativa e no equilíbrio osmótico (Poole *et al.*, 1989)

Devido à pressão selectiva do metal no ambiente de crescimento, os microrganismos desenvolveram vários mecanismos para resistir ao stress causado pelos metais pesados. Foram identificados vários mecanismos de resistência aos metais: exclusão por barreira de permeabilidade, sequestro intra e extracelular, transporte ativo, bombas de efluxo, desintoxicação enzimática e redução da sensibilidade dos alvos celulares aos iões metálicos (Poole *et al.*, 1989).

A contaminação do ambiente por metais pesados tornou-se um problema grave devido ao aumento da adição destes metais ao ambiente. As fontes naturais, bem como as fontes antropogénicas, são responsáveis por esta contaminação, que se tornou uma ameaça para a saúde pública. O cádmio, o cobre e o zinco são alguns dos metais pesados que estão a ser libertados para o ambiente (Roane, *et al.*, 2000). Nesta perspetiva, têm sido utilizadas muitas abordagens para avaliar o risco representado pelos metais contaminantes no solo, nas massas de água, etc. Atualmente, a tolerância das bactérias do solo aos metais pesados tem sido proposta como um indicador da toxicidade potencial dos metais pesados para outras formas de biota (Hassen *et al.*, 1998). Por conseguinte, verifica-se um aumento dramático do interesse no estudo das interações dos metais pesados com os microrganismos. A abordagem preferida atualmente consiste em selecionar os organismos que podem ser utilizados para desenvolver ferramentas para avaliar a toxicidade dos metais

2.12 Bioremediação

A bioremediação é a utilização do metabolismo dos microrganismos para eliminar os poluentes. A bioremediação pode destruir ou tornar inofensivos vários contaminantes com atividade biológica natural. Algumas plantas e microrganismos são capazes de acumular iões metálicos através de processos como o transporte através da membrana celular, a biossorção na parede celular, o aprisionamento em cápsulas extracelulares, a precipitação, a reação de oxidação-redução e a biossorção em polissacáridos extracelulares (Malik, 2004). Além disso, Lloyd Jonathan afirmou que existem muitas actividades microbianas que podem ser úteis para a bioremediação de solos, alimentos e água contaminados com metais.

Para além disso, as bactérias têm sido referidas como um mecanismo importante para a eliminação de hidrocarbonetos de petróleo derramados de ambientes aquáticos (Lindstrom *et al.*, 2002). Como tal, utiliza técnicas comparativamente pouco dispendiosas e de baixa tecnologia que, normalmente, têm uma elevada aceitação pública e podem, normalmente, ser colocadas no local (Sharma, 2012).

Capítulo 3: Materiais e métodos

3.1 Conceção experimental

Este estudo foi realizado com o objetivo de isolar, caraterizar e identificar bactérias psicrotróficas de alimentos refrigerados (-20°C). A Figura 3.1 mostra o projeto experimental geral da investigação.

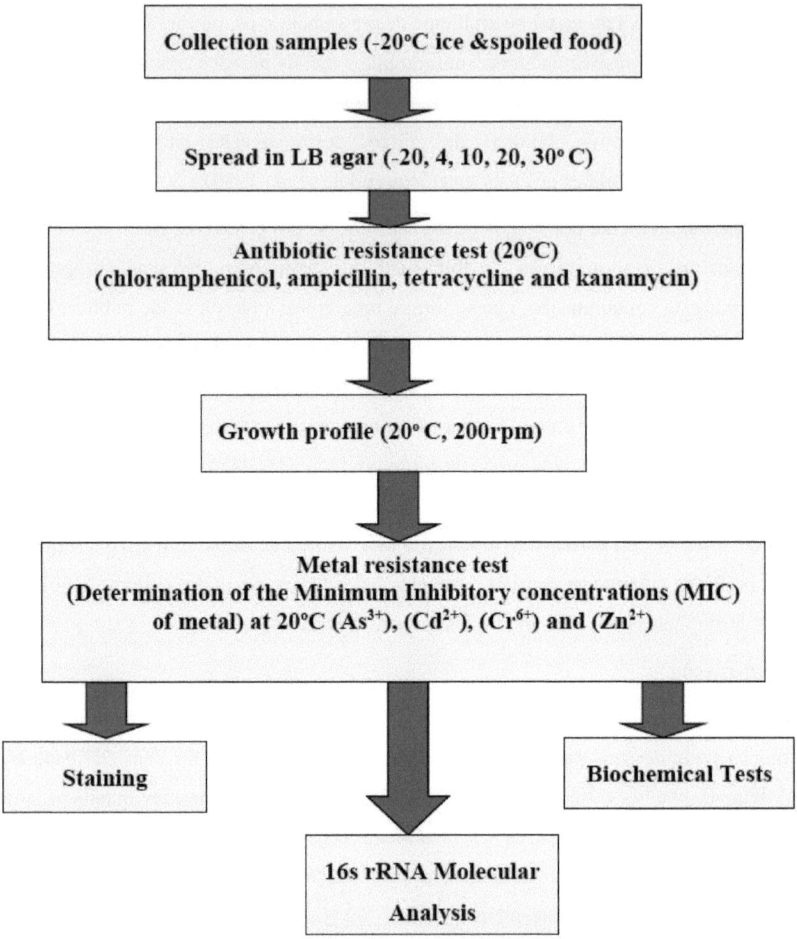

Figura 3.1: Fluxograma do projeto experimental (Fonte: Autores)

3.2 Materiais

Fonte de amostragem

Foram utilizadas duas amostras diferentes. Uma delas foi gelo a -20°C (recolhido do frigorífico do laboratório de microbiologia a -20°C) e alimentos estragados refrigerados (recolhidos de um frigorífico doméstico).

Produtos químicos

Os reagentes químicos utilizados nesta investigação eram todos de qualidade analítica.

3.3 Métodos

3.3.1 Método assético

O método assético foi utilizado durante todo o trabalho. O material de vidro, como a garrafa Scott, o copo e as provetas, foi esterilizado por autoclavagem a 121°C, 15psi durante 20 minutos. Antes da autoclavagem, todo o material de vidro com aberturas sem tampa foi fechado com papel de alumínio. Todas as transferências de meios líquidos e as técnicas de sementeira em placas foram efectuadas assepticamente.

3.3.2 Preparação de ágar e caldo Luria-Bertani

O ágar Luria-Bertani (LB) foi preparado dissolvendo 1 g de NaCl, 1 g de triptona e 0,5 g de extrato de levedura em 100 ml de água destilada, com pH ajustado a 7. Em seguida, foram adicionados 2 g de ágar e o meio foi autoclavado a 121°C durante 15 minutos.

O caldo Luria-Bertani (LB) foi preparado dissolvendo 1 g de NaCl, 1 g de triptona e 0,5 g de extrato de levedura em 100 ml de água destilada, com pH ajustado a 7. O meio foi então autoclavado a 121°C durante 15 min.

3.3.3 Cultivo de bactérias

Na primeira etapa, o gelo a -20°C foi incubado a 4°C durante 24 horas, após o que foi cultivado de duas formas (1-100 mil de água filtrada com uma bomba de vácuo e a membrana colocada na superfície LB, e 2-0,1 ml da amostra foi cultivada em meio LB agar). Outra amostra de alimento estragado sólido (1gr de mistura de amostra foi adicionado a 1 ml de água destilada; 0,1 ml da amostra foi cultivada em meio LB agar) amostra estragada líquida (iogurte - 0,1 ml da amostra foi cultivada em meio LB agar) e todas as 4 amostras incubadas em 5 temperaturas diferentes 30°C, 20°C, 10°C, 4°C, -20°C durante 24 horas.

3.3.4 Isolamento de bactérias

Normalmente, o isolamento de bactérias é efectuado utilizando os métodos de espalhamento e de placas com estrias. Neste estudo, os inóculos foram cultivados no ágar Luria-Bertani (LB) pelo método de espalhamento, de modo a isolar colónias individuais. O crescimento das bactérias foi observado após 24 horas e até uma semana de incubação em placas a diferentes temperaturas. A colónia isolada foi transferida utilizando uma ansa de inoculação estéril e semeada em ágar Luria-Bertani (LB). Todas as placas foram feitas em duplicado.

3.3.5 Coloração de Gram

Antes do método de coloração, foi preparado um esfregaço de fixação pelo calor. O esfregaço foi primeiro inundado com corante anti-helmíntico e deixado durante sessenta segundos; em seguida, foi lavado e seco, sem se borrar o tecido da vítima. Em seguida, o iodo foi utilizado para cobrir o esfregaço durante mais sessenta segundos. Em seguida, a lâmina foi lavada e seca. O esfregaço foi então descolorado com etanol a 95% durante trinta segundos. O esfregaço foi lavado e seco.

Em seguida, foi adicionada safranina para ocultar o esfregaço e deixada durante trinta segundos. O esfregaço foi então descoberto utilizando um microscópio a 1000X. Foi adicionada uma gota de óleo de imersão para melhorar a observação e obter melhores resultados. As bactérias Gram positivas retêm o corante violeta-cristal, uma vez que este é estabilizado pelo iodo e aparece violeta, enquanto as bactérias Gram negativas são contra-coradas pela safranina e não se tornam violeta-cristal, uma vez que esta é lavada pelo álcool adicionado e aparece cor-de-rosa.

3.3.6 Teste de resistência aos antibióticos (cloranfenicol, ampicilina, tetraciclina e canamicina)

O teste Kirby-Bauer é uma técnica regular para determinar se uma determinada estirpe de uma espécie bacteriana é sensível ou resistente a um ou mais antibióticos. O teste baseia-se no tamanho de uma zona de inibição, ou de limpeza, num campo de bactérias. Esta zona surge em torno de um disco que contém um antibiótico e resulta da difusão desse antibiótico no ágar circundante coletivo com a morte ou inibição do crescimento bacteriano. Frequentemente, o diâmetro da zona é calculado e, quanto maior for o diâmetro, maior é a probabilidade de as bactérias colocadas na placa serem resistentes ao antibiótico do disco em questão.

Na primeira fase, foram preparados pequenos discos de papel de filtro. Os papéis de filtro foram perfurados em pequenos círculos com um perfurador de dois furos normal de escritório, e os discos de papel tinham um diâmetro de cerca de 5 mm. Em seguida, os discos foram colocados em frascos, depois autoclavados durante 15 minutos a 15 libras de pressão e deixados arrefecer.

A preparação das soluções de antibióticos foi o passo seguinte deste teste. As concentrações da solução de antibiótico foram de 30pg para todos os antibióticos. Os antibióticos em pó foram dissolvidos nos seus solventes apropriados. A ampicilina e a canamicina foram dissolvidas em água estéril, e a tetraciclina e o cloranfenicol foram dissolvidos em etanol a 100%. Os discos em branco foram embebidos em antibióticos com uma concentração de 30 µg e depois deixados a secar durante 2 horas.

Doze colónias da bactéria (designadas A, B, C, D, E, F, G, H, I, J, K e L) foram selecionadas para o teste de resistência aos antibióticos. Uma pequena parte da colónia pura de bactérias foi dispersa em ágar LB utilizando sabão de algodão esterilizado. Em seguida, foram colocados discos de antibiótico nas quatro faces das placas. Além disso, foi colocado um disco em branco como padrão no meio de cada placa. Todas as placas foram incubadas a 20°C e, após 24 horas, verificou-se a existência de uma área clara, designada por zona de inibição, em redor de um disco de papel. A Figura 3.2 mostra os discos de antibiótico colocados na placa.

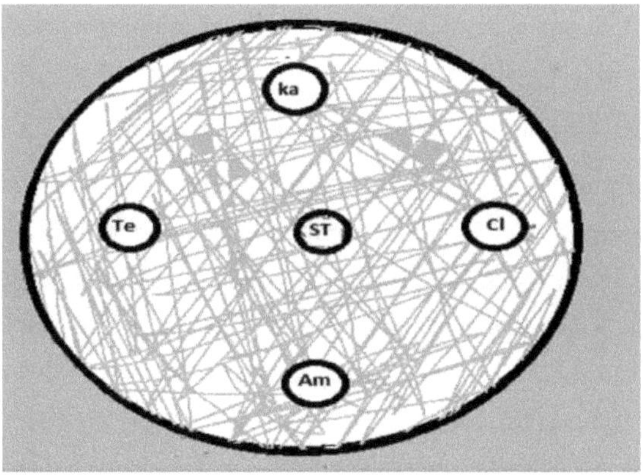

Figura 3.2: Placa de ágar LB com discos de antibióticos (Ka: Kanamicina, Cl: Clorofenical, Am: Ampicilina e Te: Tetraciclina) (Fonte: Autores)

A tabela com os diâmetros de corte foi utilizada na interpretação das zonas de inibição para controlar o tamanho molecular e os efeitos na taxa de difusão. A Tabela 3.1 mostra se as bactérias testadas eram susceptíveis ou resistentes.

Tabela 3.1 . Critérios de interpretação baseados no método de Kirby -Bauer* (diâmetro do disco 6 mm) (Fonte: Autores)

Antibiótico	Conteúdo do disco	Resistente	Intermediário	Sensível
Ampicilina	10 µg	11 mm ou menos	12-13 mm	14 mm ou mais
Tetraciclina	30 µg	14 mm ou menos	15-18 mm	19 mm ou mais
Cloranfenicol	30 µg	12 mm ou menos	13-17 mm	18 mm ou mais
Canamicina	30 µg	13 mm ou menos	14-17 mm	18 mm ou mais

3.3.7 Perfil de crescimento Bactérias

Foi efectuada uma curva de crescimento ou perfil de crescimento para monitorizar o crescimento bacteriano em LB. Para realizar a experiência, foi colhida uma ansa cheia de caldo de cultura bacteriana (F e H) utilizando uma ansa de inoculação estéril e transferida para 10 ml de caldo LB. A cultura bacteriana foi então mantida na incubadora com agitação durante a noite a 20 °C e 200 rpm. Assim, para este teste, foram utilizadas culturas líquidas nocturnas de bactérias F e H previamente cultivadas a 20 °C. Em primeiro lugar, a densidade ótica (DO) de ambas as culturas foi medida a 600 nm utilizando um espetrofotómetro. A DO inicial deve ser a mesma, pelo que foram preparados dois tubos contendo culturas bacterianas com a mesma DO inicial em 7,5 volumes totais. Em seguida, uma cultura de 2,5 ml foi dispersa em cada um dos seis frascos cónicos de 250 ml, cada um com 22,5 ml de LB. Foram efectuadas triplicatas para cada bactéria. Os seis frascos foram incubados durante

48 horas numa incubadora com agitação a 20 °C e velocidade de 200 rpm. De 4 em 4 horas, efectuou-se uma leitura da absorvância a 600 nm.

3.3.8 Determinação da concentração inibitória mínima de metais (As^{3+} ,Cd^{2+} ,Cr^{6+} e Zn^{2+})

Esta experiência foi efectuada após o cálculo da unidade formadora de colónias (CFU) para ambos os isolados. A concentração inibitória mínima refere-se à concentração mais baixa de metal que inibe completamente o crescimento bacteriano (Drewniak *et al.,* 2008b). O teste MIC foi efectuado nas mesmas condições que a curva de crescimento e a UFC. Após 21 horas, a cultura de bactérias é utilizada para o teste de resistência ao metal. Zn^{2+} ($ZnSO_4.7H_2O$), As^{3+} (Na•AsO_2), Cr^{6+} ($K_2Cr_2O_7$) e Cd^{2+} (Cd $(No_3)_2.4H_2O$) foram os iões utilizados na CIM. Para este método, as culturas de células frescas (inóculo) foram inoculadas na microplaca de 96 poços contendo o meio (meio Luria-Bertani) e diferentes concentrações (0, 2, 4, 6, 8 e 10mM) de iões metálicos (Stock). O volume total de cada poço era de 150 pl, e o volume de LB e de inóculo foi fixado em 15 pl em todos os poços.

O meio sem metal mas com inóculo bacteriano (controlo do crescimento bacteriano) e o meio com metal mas sem bactérias (controlo abiótico) serviram de controlo. Todas as experiências foram efectuadas em triplicado. As microplacas foram depois fechadas com as suas tampas com anéis de condensação e seladas com película adicional de laboratório (Parafilm® M) (Rathnayake *et al.,* 2009). A Tabela 3.1 indica os locais de cada amostra, controlo e ensaio em branco nos poços da microplaca de 96. Finalmente, foi medida a quantidade de reservas para cada poço; depois de adicionar caldo LB e inóculo, o volume total foi de 150 µl para cada poço. Os representantes de LB, caldo de metal e inóculos em cada poço da microplaca são apresentados na Tabela 3.2.

Tabela 3.2 Estado dos espaços em branco, controlos e amostras na microplaca de 96 poços (Fonte: Autores)

	1	2	3	4	5	6	7	8	9	10	11	12
Como^{3+}	BLK	CTL1	CTL1	CTL2 (0)	CTL2 (0)	CTL2 (0)	SPL (2)	SPL (2)	SPL (2)	SPL (4)	SPL (4)	SPL (4)
Como^{3+}	E	CTL1	CTL1	SPL (6)	SPL (6)	SPL (6)	SPL1 (8)	SPL (8)	SPL (8)	SPL (10)	SPL (10)	SPL (10)
Cr^{6+}	E	CTL1	CTL1	CTL2 (0)	CTL2 (0)	CTL2 (0)	SPL (2)	SPL (2)	SPL (2)	SPL (4)	SPL (4)	SPL (4)
Cr^{6+}	E	CTL1	CTL1	SPL (6)	SPL (6)	SPL (6)	SPL (8)	SPL (8)	SPL (8)	SPL (10)	SPL (10)	SPL (10)
Cd^{2+}	E	CTL1	CTL1	CTL2 (0)	CTL2 (0)	CTL2 (0)	SPL (2)	SPL (2)	SPL (2)	SPL (4)	SPL (4)	SPL (4)
Cd^{2+}	E	CTL1	CTL1	SPL (6)	SPL (6)	SPL (6)	SPL (8)	SPL (8)	SPL (8)	SPL (10)	SPL (10)	SPL (10)
Zn^{2+}	E	CTL1	CTL1	CTL2 (0)	CTL2 (0)	CTL2 (0)	SPL (2)	SPL (2)	SPL (2)	SPL (4)	SPL (4)	SPL (4)
Zn^{2+}	E	CTL1	CTL1	SPL (6)	SPL (6)	SPL (6)	SPL (8)	SPL (8)	SPL (8)	SPL (10)	SPL (10)	SPL (10)

BL: branco, CL1: Controlo com metaloides e sem bactérias, CL2: Controlo com bactérias e sem iões metálicos, SPL (0,2,4,6,8,10 mM): Amostras com diferentes concentrações (0,2,4,6,8,10 mM) e E: Vazio

Tabela 3.3 Representante de LB, estoque de metal e inóculos em cada poço da microplaca. (O volume total de cada poço é de 150 µl) (Fonte: Autores)

	1	2	3	4	5	6	7	8	9	10	11	12
A C E G	LB 150 µl	LB 120 µl	LB 120 µl	LB 120 µl	LB 120µl	LB 120µl	LB 120 µl	LB 120 µl	LB 120 µl	LB 120 µl	LB 120 µl	LB 120 µl
		Metal ion stock15µl dH2o15µl	Metal ion stock15µl dH2o 15µl	Inoculum 15µl dH2o 15µl	Inoculum 15µl dH2o 15µl	Inoculum 15µl dH2o 15µl	Inoculum 15µl Metal ion stock 3µl dH2o 12µl	Inoculum 15µl Metal ion stock 3µl dH2o 12µl	Inoculum 15µl Metal ion stock 3µl dH2o 12µl	Inoculum 15µl Metal ion stock 6µl dH2o 9µl	Inoculum 15µl Metal ion stock 6µl dH2o 9µl	Inoculum 15µl Metal ion stock 6µl dH2o 9µl
B D F H		LB 120 µl	LB 120 µl	LB 120 µl	LB 120µl	LB 120µl	LB 120 µl	LB 120 µl	LB 120 µl	LB 120 µl	LB 120 µl	LB 120 µl
		Metal ion stock 15µl dH2o15µl	Metal ion stock 15µl dH2o15µl	Inoculum 15µl Metal ion stock 9µl dH2o 6µl	Inoculum 15µl Metal ion stock 9µl dH2o 6µl	Inoculum 15µl Metal ion stock 9µl dH2o 6µl	Inoculum 15µl Metal ion stock 12µl dH2o 3µl	Iinoculum 15µl Metal ion stock 12µl dH2o 3µl	Iinoculum 15µl Metal ion stock 12µl dH2o 3µl	Iinoculum 15µl Metal ion stock 15µl	Inoculum 15µl Metal ion stock 15µl	Inoculum 15µl Metal ion stock 15µl

A DO inicial das amostras foi medida por um espetrofotómetro de leitura de microplacas. Em seguida, as placas foram colocadas numa incubadora com agitação (20°C /100 rpm) durante 24 horas. Foram utilizados dois controlos diferentes para este método: um com bactérias e sem iões metálicos e o outro com metalóides e sem bactérias. Cada um dos testes foi efectuado em triplicado. Após a leitura da DO das amostras, a percentagem de inibição do crescimento foi calculada utilizando a fórmula de fluxo:

$$\% \text{ Growth Inhibition} = \frac{(\text{OD}_{600nm}\text{ Normal growth} - \text{OD}_{600nm}\text{ Inhibited growth}) \times 100\ \%}{(\text{OD}_{600nm}\text{ Normal growth})}$$

3.3.9 Coloração e testes bioquímicos

A coloração de Gram, a coloração de esporos e os testes bioquímicos, incluindo o teste da catalase, o teste de liquefação da gelatina, o teste do citrato e o teste da amilase, foram efectuados em culturas puras das bactérias H e F para as caraterizar.

3.3.9.1 Coloração de Gram

A coloração de Gram para todos os isolados foi efectuada na secção anterior (3.3.5).

3.3.9.2 Coloração de esporos

A lâmina fixada termicamente foi inundada com verde de malaquite e colocada numa placa quente durante 2 a 3 minutos. O corante foi reabastecido conforme necessário devido à evaporação. A lâmina foi então arrefecida antes de ser lavada com água destilada. Subsequentemente, durante 30 segundos, os esfregaços de bactérias foram contra-corados com safranina e lavados novamente com água destilada. Finalmente, as lâminas foram secas com papel absorvente e examinadas sob imersão em óleo. As bactérias que tinham esporos retêm a cor verde malaquite.

3.3.9.3 Teste bioquímico: Teste de liquefação da gelatina

Foi preparado um caldo nutritivo rico em gelatina dissolvendo 0,75 g de extrato de carne de vaca, 1,25 g de peptona e 30 g de gelatina em 250 mL de água destilada. O pH do meio foi ajustado para aproximadamente neutro e autoclavado. O meio foi vertido para um frasco universal e inoculado utilizando uma colónia bacteriana pura com menos de 24 horas e foi incubado durante 2 semanas a 20°C. No final da incubação, o meio foi então colocado no frigorífico durante 30~60 minutos (incluindo o controlo) para determinar se havia alguma solidificação. Se o meio inoculado com a cultura bacteriana permanecer líquido, enquanto o controlo já se tornou sólido após 30~60 minutos no frigorífico, o que indica que ocorreu hidrólise da gelatina.

3.3.9.4 Teste da catalase

Colocou-se uma colónia fresca numa lâmina microscópica. Deitaram-se lentamente algumas gotas de H2O2 a 3% ($^{v}/_{v}$) sobre a colónia e observou-se uma reação de borbulhamento. Uma reação borbulhante imediata indicava um resultado positivo da catalase, enquanto um resultado negativo era indicado pela ausência de reação borbulhante.

3.3.9.5 Teste da amilase (teste do iodo no amido)

Uma colónia isolada foi colhida da placa contendo a cultura pura e semeada em linhas rectas numa placa de ágar-amido com amido como única fonte de carbono. Após incubação a 20°C durante 24-48 horas, a placa foi inundada com iodo de Gram (iodo de Gram - 250 mg de cristais de iodo adicionados a 2,5 g de solução de iodeto de potássio e 125 ml de água, armazenados à temperatura ambiente) para produzir um complexo amido-iodo de cor azul profunda. Na zona de degradação, não se forma qualquer cor azul, o que constitui a base da deteção e despistagem de uma estirpe amilolítica.

3.3.10 Identificação do isolado bacteriano através da análise molecular do 16s rRNA

3.3.10.1 Extração de ADN

A extração de ADN foi efectuada utilizando o Promega Wizard DNA Purification Kit. Um sedimento da cultura nocturna foi colhido por centrifugação durante 2 minutos a 16000 g. O sedimento foi ressuspendido adicionando 600 µL de Nuclei Lysis Solution (solução de lise de núcleos). O sedimento ressuspenso foi incubado num banho de água a 80 °C durante 5 minutos para lisar as células; foi então arrefecido à temperatura ambiente após o período de incubação de 5 minutos. Adicionou-se uma solução de 3 µL. RNase foi adicionada ao lisado de células. Os tubos de microcentrifugação foram invertidos várias vezes para misturar bem. A amostra foi incubada a 37 °C durante 1 hora e arrefecida à temperatura ambiente após a incubação a 37 °C. Adicionaram-se 200 µL. Solução de precipitação de proteínas foi adicionada à amostra e agitada vigorosamente em vórtice para misturar a solução de precipitação de proteínas com a amostra. A amostra foi centrifugada a 16000 g durante 3 minutos. O sobrenadante contendo ADN foi transferido para um tubo de microcentrifugação limpo de 1,5 ml contendo 600 µL de isopropanol à temperatura ambiente. O tubo foi invertido suavemente e formou-se uma massa visível. De seguida, o tubo foi centrifugado novamente a 16000 g durante 2 minutos. Aspirou-se o etanol. O tubo foi drenado para papel absorvente limpo e deixado a secar durante 10 minutos em fluxo laminar. A amostra foi re-hidratada adicionando 100 µL de solução de re-hidratação de ADN ao tubo e incubada durante 1 hora a 65 °C. Finalmente, a amostra de ADN incubada foi armazenada entre 2 e 8 °C.

3.3.10.2 Eletroforese em gel de agarose

O ADN extraído foi submetido a eletroforese em gel de agarose a 1 % (p/v). O gel de agarose foi preparado adicionando 0,5 g de pó de agarose a 50 ml de tampão TAE num erlenmeyer de 250 ml. A mistura foi aquecida num micro-ondas durante 30 segundos para dissolver completamente a agarose. Após o aquecimento, a solução foi arrefecida à temperatura ambiente e, em seguida, adicionaram-se 5 µl de EtBr à solução e agitou-se para misturar bem. A solução de agarose foi vertida na câmara de eletroforese. Em seguida, inseriu-se um pente de gel no gel de agarose para criar poços no mesmo. O gel foi deixado a solidificar à temperatura ambiente. O pente de gel foi retirado depois de o gel de agarose ter solidificado e coberto com tampão TAE. Os poços do gel de agarose foram carregados com 5 µl de amostras depois de terem sido ressuspendidas com 1 µl de corante de carga. A escada de ADN, que actua como padrão, foi também carregada no primeiro poço. Foi aplicada corrente eléctrica a todo o conjunto de câmaras de eletroforese, o que permitiu que a amostra carregada migrasse através dos poros do gel de agarose.

3.3.10.3 PCR (Reação em cadeia da polimerase)

A Reação em Cadeia da Polimerase, ou simplesmente designada por PCR, era um procedimento de rotina utilizado para determinar uma pequena porção da sequência genética no ADN para estudos genéticos. Neste caso, os cientistas utilizaram uma região conservada conhecida como gene 16s rRNA no ADN bacteriano para comparar e determinar espécies entre muitos tipos de microrganismos procarióticos. A região do gene 16s rRNA tem a menor taxa de mutação em comparação com outros genes do ADN bacteriano, pelo que pode ser utilizada como uma impressão digital para todas as espécies de procariotas. Foram utilizados iniciadores de PCR universais (ou "quase universais", uma vez que alguns não são detectados por certas espécies de arqueas recém-descobertas) para amplificar o gene 16s rRNA e fornecer informações filogenéticas. As sequências dos primers utilizados são as seguintes Forward "5'-AGA GTT TGA TCC TGG CTC AG-3' " e Reverse "5'- ACG GCT ACC TTG

TTA CGA CTT-3' ". Os procedimentos de análise foram efectuados de acordo com Ng e Huyop (2007) e Cappuccino e Sherman (2002). Os seguintes materiais são necessários para a PCR de colónias:

i) Mistura principal de PCR

ii) Primário direto e inverso

iii)Água desionizada (ou "água sem nuclease").

Foram adicionados 25μL de mistura principal de PCR a um microtubo de 100μL, seguidos de 1μL de iniciador direto e 1pL de iniciador inverso. Foram adicionados 5μL de amostra de ADN reidratado à mistura e foi adicionado excesso de água desionizada até 50μL.

A purificação do produto da PCR foi efectuada utilizando o "Real Genomics DNA/RNA purification kit" para remover os compostos indesejáveis presentes. Finalmente, o produto de PCR purificado foi enviado para First BASE Laboratories Sdn. Bhd. para sequenciação. Os resultados da sequenciação do ADN foram comparados por BLAST utilizando o programa NCBI BLAST.

Tabela 3.4 . Perfil de amplificação da PCR (Fonte: Autores)

Parâmetros	Temperatura (°C)	Tempo (min)	Número de ciclos
Desnaturação inicial	94	4	1
Desnaturação	94	1	25
Recozimento	50.3	1	25
Extensão	72	4	25
Extensão final	72	10	1

3.3.10.4 Árvore filogenética

A árvore filogenética foi construída com base nos resultados do BLAST. O Mega 4.1 foi utilizado na construção da árvore filogenética para estimar a semelhança com outras estirpes bacterianas e o padrão evolutivo.

Capítulo 4: Resultados e discussão

4.1 Isolamento de bactérias

O isolamento das bactérias foi efectuado espalhando 0,1 ml de diferentes amostras preparadas em placas de ágar LB. As placas foram verificadas após 24 horas, mas não se observou qualquer crescimento microbiano a 4°C, 10°C, 20°C ou 30°C. Infelizmente, não foi possível efetuar o isolamento a -20°C porque as placas de ágar LB congelam a essa temperatura. Após 48 horas, foram observados crescimentos microbianos nas placas que foram incubadas a 30 °C e 20 °C. O crescimento foi observado a 4°C e 10°C após uma semana de incubação. A Tabela 4.1 resume a morfologia das colónias dos isolados observados a 4°C, 10°C, 20°C e 30°C. As colónias puras foram obtidas utilizando o método da placa de estrias de acordo com Tortora *et al.* (2007). As colónias individuais foram transferidas utilizando uma ansa de inoculação estéril e semeadas em ágar Luria Bertani (LB). Na figura 4.1 são apresentadas quatro amostras de placas semeadas.

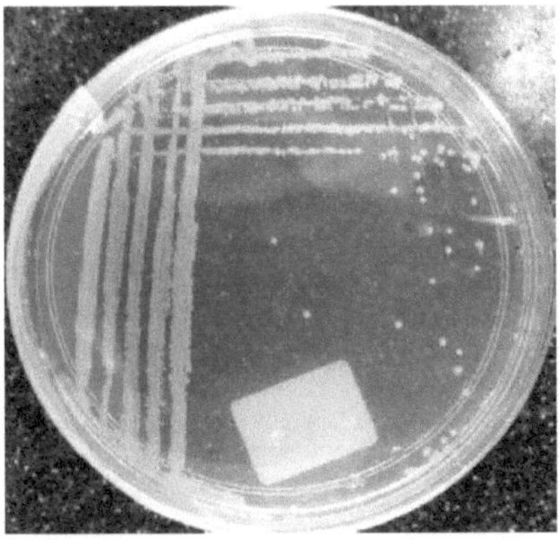

Plate A (20°C)

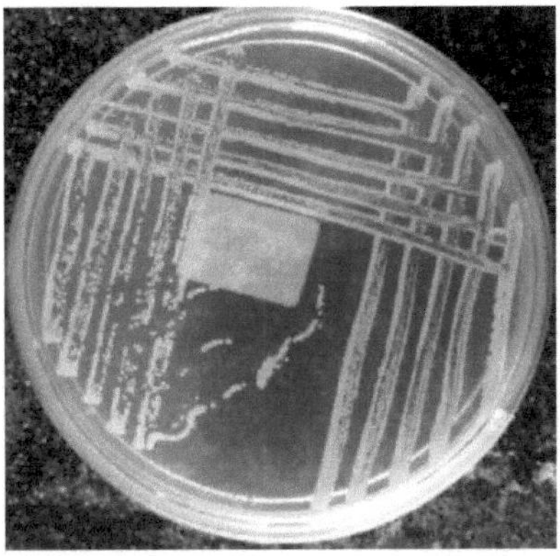

Plate D (30 °C)

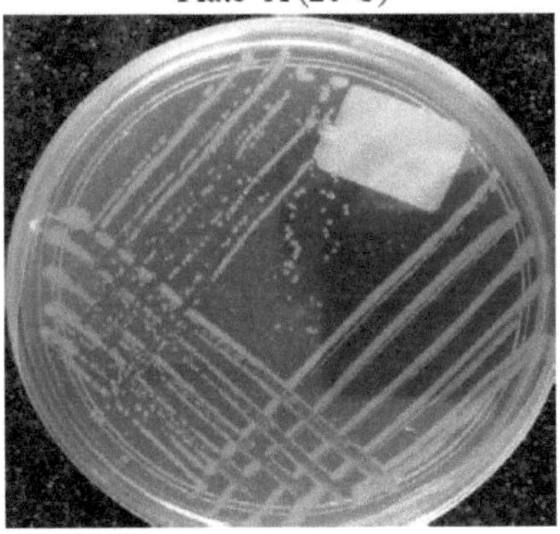

Plate F (4 °C)

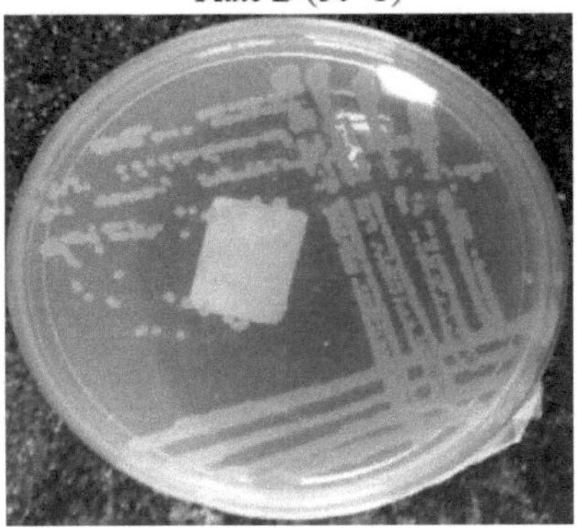

PlateH (10 °C)

Figura 4.1: Bactérias isoladas de diferentes temperaturas e fontes (Fonte: Autores)

Tabela 4.1: Morfologia da colónia e coloração de gram dos isolados observados a 4, 10, 20 e 30°C.

	Spoiled Yogurt	Spoiled Solid food	Filter ice -20°C	Ice(-20 °C)
4°C	Growth After 1 week G: Bacilli g+ (F) M: white Round, Smooth	Growth After 1 week G:Coccobacilli g+ (J) M: White Irregular Undulate	Growth After 1 week G: Bacilli g- (E) M: Light yellow Round Smooth	No result
10°C	Growth After 1 week G: Cocci g+ (H) M: Pink round Smooth	Growth After 1 week G: Bacilli g+ (G) M: Lemon round Entire	Growth After 1 week G: Diplococcus (C) M: Cream Round Smooth	No result
20°C	Growth After 48 hr G: Cocci g+ (I) M: Pink Round Smooth	Growth After 48 hr G: Coccobacilli g+ (L) M: White Irregular Undulate	Growth After 48 hr G: Bacilli g+ (A) M: White lemon Irregular Undulate	Growth After 48 hr G: Diplococcus (B) M: Cream Round Smooth
30°C	Growth After 48 hr G: Cocci g+(D) M: Pink Round Smooth	Growth After 48 hr G: Bacilli g+ M:Lemon Round Entire	Growth After 48 hr G:Bacilli g- M: Light yellow Round Smooth	Growth After 48 hr G:Bacilli g+ (A) M: White lemon, Irregular Undulate

(Gram positivo = g+) (Gram negativo = g-) (M: morfologia da colónia) (G: coloração de Gram) (A, B, C, D..., L são os nomes dados a cada isolado)

Os resultados mostraram que o crescimento bacteriano era mais elevado e mais rápido a 20°C e 30°C do que a 4°C e 10°C. Os psicrotróficos têm a capacidade de crescer a baixas temperaturas mas têm uma temperatura óptima de crescimento acima de 15°C (Eddy, 1960). Assim, os isolados cresceram mais rapidamente a 20 °C em placas de ágar LB e foram mais rápidos do que a 4 °C, 10 °C e 30 °C. A caraterização dos isolados foi efectuada a 20°C.

4.2 Coloração de Gram

A coloração de Gram foi efectuada para todos os isolados. As bactérias Gram positivas retiveram o corante violeta de cristal, uma vez que este foi estabilizado pelo iodo e apareceu roxo. As Figuras 4.2 e 4.3 mostram os resultados da coloração de Gram das bactérias F e H, visualizadas com uma ampliação de 1000x ao microscópio de luz, respetivamente. Verificou-se que a forma da bactéria F era um cilindro de extremidade redonda (bacilo) e as formas das bactérias H eram esferas (cocos).

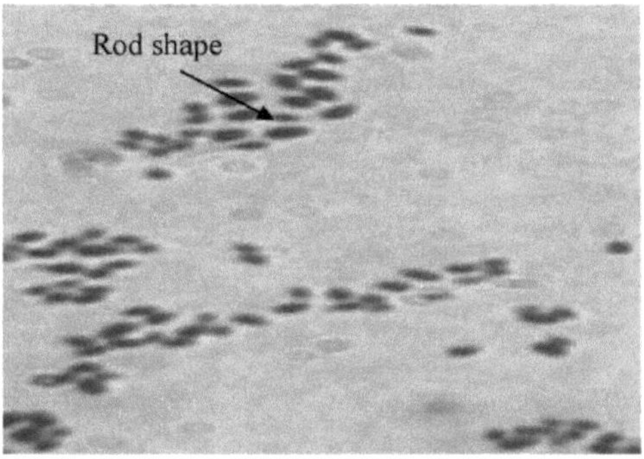

Figura 4.2: Resultado da coloração de Gram de F visualizado com uma ampliação de 1000x ao microscópio de luz (Fonte: Autores)

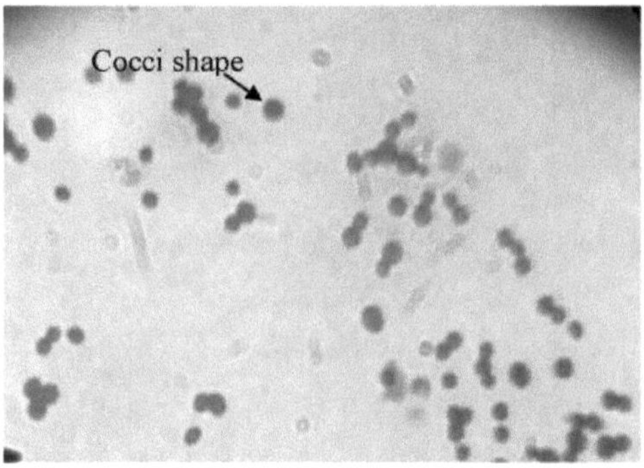

Figura 4.3: Resultado da coloração de Gram de H visualizado sob ampliação de 1000x em microscópio de luz (Fonte: Autores)

4.3 Rastreio da resistência aos antibióticos

Existe um consenso geral de que a utilização generalizada de agentes antimicrobianos impôs uma forte pressão selectiva que contribuiu para o aparecimento de microrganismos multirresistentes (Alatossava *et al.*, 2006). A resistência deve-se talvez a uma mutação ou a alterações naturais no genoma bacteriano que permitem que os micróbios produzam resistência a determinados antibióticos (Johnson *et al.*, 2005). Numa população bacteriana sensível, pode haver um pequeno número de bactérias resistentes a medicamentos que desenvolvem resistência espontaneamente como resultado de mutação. Mais frequentemente, a resistência deve-se à presença de gene(s) adicional(ais) como ADN cromossómico extra conhecido como factores R (plasmídeos) (Sarker *et al.*, 2010).

O cloranfenicol, a ampicilina, a tetraciclina e a canamicina foram os antibióticos utilizados para o rastreio da resistência aos antibióticos. Para comparar a zona de inibição de um antibiótico com outro, foram considerados vários passos. Em primeiro lugar, o teste foi padronizado e efectuado da mesma forma. Uma vez que a zona de inibição que se forma à volta de um disco está diretamente relacionada com a taxa de difusão do antibiótico, a concentração do ágar, a temperatura de incubação, o tamanho dos discos, a concentração dos antibióticos em cada disco e o tempo de crescimento foram os mesmos para todos os antibióticos testados. As placas incubadas foram verificadas para determinar a zona de inibição em torno dos discos de antibióticos. As Figuras 4.4 e 4.5 mostram as imagens das placas A e F, respetivamente.

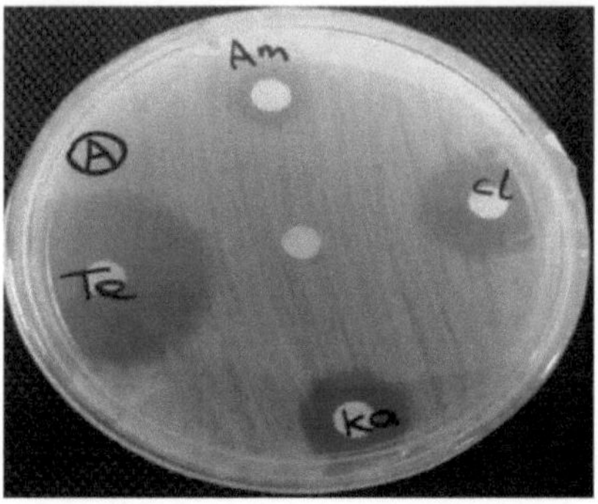

Figura 4.4: Zonas de inibição em torno de discos de antibiótico do isolado A cultivado em placa de ágar LB a 20° C /24 horas (Fonte: Autores)

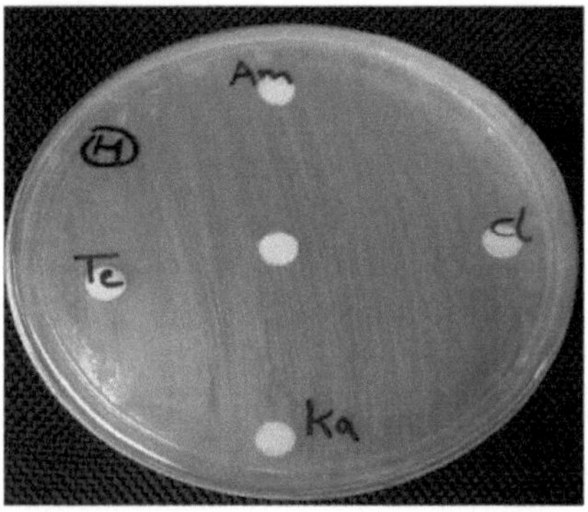

Figura 4.5: Zonas de inibição em torno de discos de antibiótico do isolado H cultivado em placa de ágar LB a 20° C /24 horas (Fonte: Autores)

Neste estudo, foram medidos os diâmetros da zona de inibição em torno dos antibióticos. A suscetibilidade ou resistência das bactérias aos antibióticos com base no diâmetro da zona de inibição é apresentada na Tabela 4.2.

Quadro 4.2 Suscetibilidade ou resistência das bactérias a determinados antibióticos, com base no diâmetro da zona de inibição no teste de Kirby-Bauer em placa (Fonte: Autores)

Antibiótico	Ampicilina (Am)		Clorofénico (Cl)		Canamicina (Ka)		Tetraciclina (Te)	
Bactérias	Tamanho da zona (mm)	R, S ou I?	Tamanho da zona (mm)	R, S ou I?	Tamanho da zona (mm)	R, S ou I?	Tamanho da zona (mm)	R, S ou I?
G	0	R	0	R	9	S	19	R
K	0	R	10	R	7	I	17	R
F	**0**	**R**	**0**	**R**	**0**	**R**	**0**	**R**
L	0	R	15	I	0	R	0	R
C	0	R	7	R	0	R	0	R
E	0	R	7	R	9	I	17	R
B	9	R	16	I	12	R	28	S
J	0	R	7	R	7	R	24	S
A	0	R	20	S	15	I	30	S
H	0	**R**	0	**R**	0	**R**	0	**R**
I	0	R	13	R	0	R	7	R
D	7	R	7	R	0	R	7	R

S: Suscetibilidade, R: Resistência e I: Imediato

Foi observada resistência aos quatro antibióticos, e cada um deles tem a sua própria ação para inibir o crescimento bacteriano. As tetraciclinas, a ampicilina, a canamicina e o cloranfenicol produzem os seus efeitos antibacterianos através da inibição da síntese proteica (Tenover, 2006). Os ribossomas bacterianos diferem em termos de estrutura dos seus homólogos nas células eucarióticas. Os agentes antibacterianos tiram partido destas diferenças para inibir seletivamente o crescimento bacteriano. As tetraciclinas ligam-se à subunidade 30S do ribossoma (para inibir a ligação do aminoacil-RNAt ao complexo ARNm-ribossoma), enquanto o cloranfenicol e a ampicilina se ligam à subunidade 50S e inibem a formação de ligações peptídicas ribossómicas. Além disso, a canamicina interage com pelo menos três proteínas ribossómicas e inibe a síntese proteica, aumentando os erros de tradução.

A resistência à ampicilina foi muito pronunciada em todos os nossos isolados, o que também foi um fenómeno relatado noutros estudos (Zemelman et al. 1980). A resistência ao antibiótico betalactâmico ampicilina (Ap), por exemplo, pode ser mediada pela enzima betalactamase. A ampicilina funciona normalmente como um inibidor irreversível das enzimas transpeptidases, cuja função é reticular os componentes estruturais da parede celular bacteriana. As enzimas beta-lactamases hidrolisam os anéis beta-lactâmicos e tornam esses antibióticos incapazes de reagir com as enzimas transpeptidases bacterianas (Haddix *et al.*, 2000). De acordo com os resultados acima referidos, as bactérias das placas C, H, F e D eram resistentes aos quatro antibióticos. Além disso, nas placas H e F não se registaram zonas de inibição em torno de nenhum dos 4 discos. Assim, H e F foram determinados como isolados resistentes aos 4 antibióticos testados.

A resistência a metais/antibióticos está também ligada à cromogénese (as estirpes pigmentadas exibiram um grau mais elevado de resistência a múltiplos medicamentos do que as estirpes não pigmentadas) (Souza *et al.*, 2006). Os genes de resistência aos antibióticos e aos metais podem estar localizados no mesmo plasmídeo nas bactérias. Muitos estudos anteriores observaram que algumas bactérias resistentes a metais são também resistentes a muitos antibióticos e outros produtos químicos tóxicos (Von Canstein *et al.*, 1999) em virtude de transportarem plasmídeos e/ou transposões que codificam a resistência a metais e antibióticos geneticamente ligados. Na maior parte dos estudos, a resistência aos metais está associada à resistência aos antibióticos (Verma *et al.*, 2001). Em condições de stress causado pelos metais, a resistência dos microrganismos aos metais e aos antibióticos ajuda-os possivelmente a adoptarem-se mais rapidamente através da propagação de factores de resistência do que por mutação e seleção natural (Silver e Misra, 1988).

Por conseguinte, as bactérias H e F foram selecionadas para a caraterização e o rastreio da sua resistência aos iões metálicos.

4.4 Perfil de crescimento

Os isolados H e F foram incubados (em triplicado) em caldo LB utilizando um agitador de temperatura ajustável a 20 °C, 200rpm. Para os isolados H e F, o crescimento a 20°C em placas de ágar LB foi mais rápido do que a 4°C, 10°C e 30°C. Por conseguinte, os perfis de crescimento de H e F foram efectuados a 20°C. Foi efectuada uma leitura da absorvância a 600 nm (OD_{600}) a intervalos de 6 horas durante 48 horas de incubação para todos os seis frascos. As figuras 4.4 e 4.5 abaixo mostram o perfil de crescimento dos isolados de H e F a 20 °C. O crescimento das bactérias H e F foi medido de 6 em 6 horas até às 48 horas.

As taxas de crescimento das bactérias H e F foram determinadas medindo o declive do gráfico durante a fase exponencial de crescimento. O declive a (para o isolado H) foi de 0,4 h^{-1} , e o declive b (para o isolado F) foi de 0,2 h^{-} . Assim, a taxa de crescimento do isolado H é mais rápida do que a do isolado F. Além disso, os crescimentos de H e F estão no fim da fase exponencial às 21 horas, e entraram na fase de morte após 44 horas.

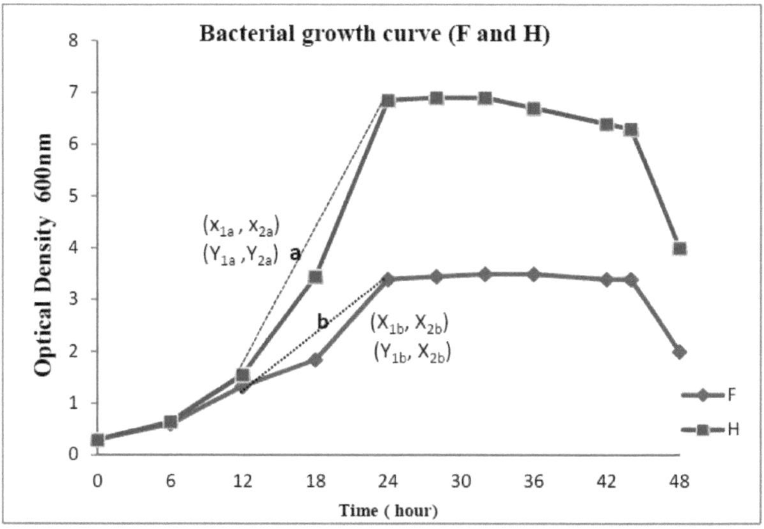

Figura 4.6: Perfil de crescimento das bactérias F e H a (20°C)(Fonte: Autores)

Slop$_a$ (para o isolado H): $\frac{Y_{1a} - Y_{2a}}{X_{1a} - X_{2a}} \Rightarrow 5\text{-}3/\ 20\text{-}15 = 0.4h^{-1}$

Slop$_b$ (para o isolado F): $\frac{Y_{1b} - Y_{2b}}{X_{1b} - X_{2b}} \Rightarrow 3\text{-}2\ /21\text{-}16 = 0.2h^{-1}$

4.5 Determinação da concentração inibitória mínima de metais (As^{3+} , Cd^{2+} , Cr^{6+} e Zn)$^{2+}$

Os isolados H e F foram ainda caracterizados através da determinação da concentração mínima de diferentes iões metálicos (As^{3+} , Cd^{2+} , Cr^{6+} e Zn^{2+}) que podem inibir o crescimento dos isolados. As concentrações de 2, 4, 6, 8, 10 mM foram ajustadas em caldo LB em cada poço da microplaca de 96 poços e inoculadas com o isolado de bactérias. Depois de as placas terem sido incubadas durante 24 horas, a absorvância foi medida a 600 nm. Verificou-se que a leitura da absorvância diminuía com o aumento das concentrações de iões metálicos. As percentagens de inibição foram calculadas para determinar a concentração inibitória mínima dos isolados. As Figuras 4.9-16 mostram os gráficos de absorvância (600 nm) contra concentrações crescentes de metais e a percentagem de inibição para as bactérias H e F.

A Figura 4.7 mostra que na concentração de As^{3+} de 2 mM, o crescimento bacteriano foi inibido em aproximadamente 66%. Por outro lado, a Figura 4.8 mostra que o crescimento da bactéria F foi inibido em 70% a uma concentração de 4 mM. Isto mostra que H e F são capazes de resistir a uma concentração de arsenito inferior a 2 e 4 mM, respetivamente. Por conseguinte, a concentração inibitória mínima foi determinada em 2 mM para H e 4 mM para o isolado F.

O arsénio é um metaloide pesado e actua por vezes como um metal, mas outras vezes não. Assim, a sua principal toxicidade resulta da sua interferência no metabolismo do principal bioelemento, o fósforo. Devido à sua toxicidade, o arsénio não tem qualquer função como elemento vestigial. No entanto, as bactérias podem utilizá-lo como aceitador de electrões para as bactérias aeróbias de respiração anaeróbia que são capazes de oxidar novamente o arsenito depois de um arsenato ter sido absorvido pelos sistemas de transporte de fosfato. Assim, a desintoxicação do arseniato tem de envolver uma etapa inicial para o diferenciar do fosfato. Esta etapa é a redução do arseniato a arsenito (Nies, 1999).

O sistema de defesa mais comum nas bactérias para desintoxicar o arsénio é a oxidação. Foram registadas bactérias capazes de oxidar o arsenito em arseniato (Frankenberger, 2002). Além disso, as bactérias são capazes de reduzir o efeito tóxico do arsenito por metilação, que é catalisada por arsénio metiltransferases codificadas por arsM. Estes sistemas são amplamente encontrados em diferentes espécies resistentes ao arsénio (Dave *et al.,* 2008).

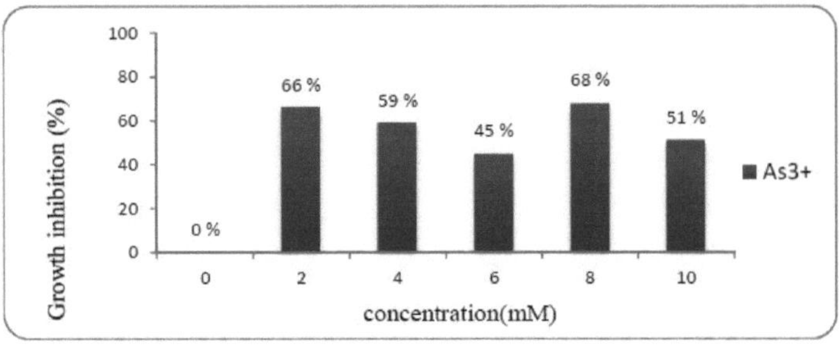

Figura 4.7: Percentagens de inibição do crescimento por diferentes concentrações de As^{3+} no isolado H (Fonte: Autores)

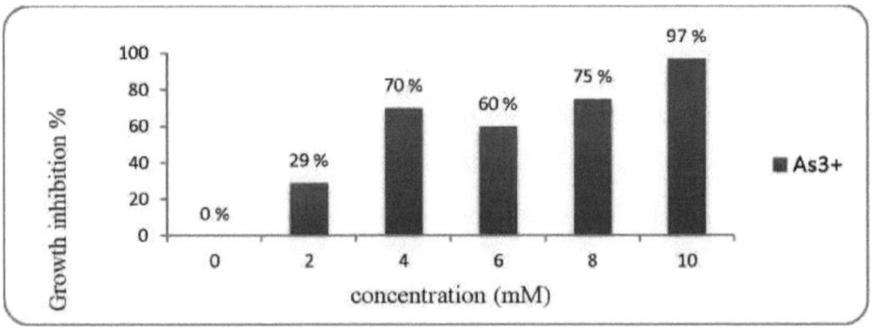

Figura 4.8: Percentagens de inibição do crescimento por diferentes concentrações de As^{3+} no isolado F (Fonte: Autores)

A Figura 4.9 mostra que a uma concentração de Cd^{2+} de 2 mM, o crescimento bacteriano foi inibido em aproximadamente 75%. Isto mostra que H não é capaz de resistir a concentrações de cádmio até 2 mM. Por conseguinte, pode concluir-se que a concentração inibitória mínima para a bactéria H pode ser de 2 mM ou menos.

A Figura 4.10 mostra que o isolado F é capaz de resistir a concentrações de cádmio inferiores a 10 mM. O crescimento bacteriano foi inibido em aproximadamente 78% a 10 mM. Por conseguinte, a concentração inibitória mínima foi determinada a 10 mM.

A partir das Figuras 4.9 e 4.10, verifica-se que o isolado F é mais resistente a concentrações elevadas de cádmio. Os mecanismos moleculares de absorção de cádmio em microrganismos não foram bem caracterizados, mas a absorção pode ocorrer através de sistemas de transporte de magnésio, manganês ou cálcio. Foram identificados sistemas de efluxo de cádmio baseados em plasmídeos em bactérias. As bactérias Gram-positivas exportam o cádmio através de ATPases do tipo P e as bactérias Gram-negativas utilizam os transportadores de catiões divalentes Czc (cádmio, zinco, cobalto) para o efluxo de cádmio (Nies, 1999).

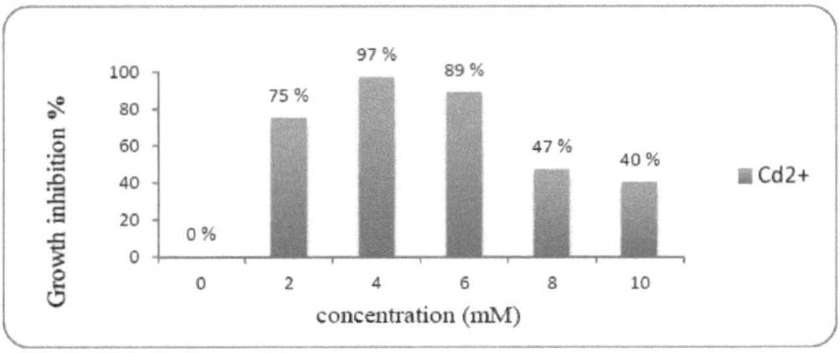

Figura 4.9 Percentagens de inibição do crescimento por diferentes concentrações de Cd^{2+} no isolado H (Fonte: Autores)

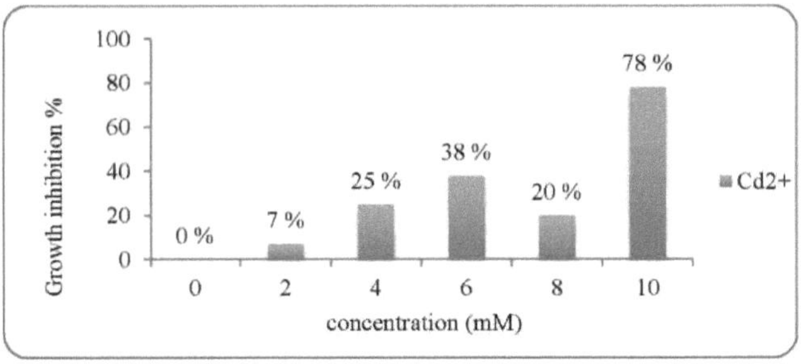

Figura 4.10 Percentagens de inibição do crescimento por diferentes concentrações de Cd^{2+} no isolado F (Fonte: Autores)

A Figura 4.11 mostra que a uma concentração de 2 mM de Cr^{6+} , o crescimento bacteriano foi inibido em aproximadamente 88%. Isto mostra que H é sensível a concentrações de Cr^{6+} de 2 mM e superiores. Por conseguinte, a concentração inibitória mínima foi determinada a 2 mM. A Figura 4.12 mostra que, a uma concentração de Cr^{6+} de 10 mM, o crescimento bacteriano foi inibido em cerca de 60%. Isto mostra que F é sensível a concentrações de Cr^{2+} de 2, 4 e 6 mM. Por conseguinte, a concentração inibitória mínima foi determinada a 10 mM.

O crómio ocorre principalmente como Cr^{6+} no oxianião divalente cromato, o catião trivalente. A resistência ao cromato baseia-se provavelmente numa interação entre a redução do cromato e o efluxo do cromato. A primeira bactéria considerada resistente ao cromato, a estirpe LB300 de *Pseudomonas fluorescens*, demonstrou reduzir o cromato e, desde então, foi encontrada uma grande variedade de bactérias capazes de reduzir o cromato. Pensou-se então que a resistência ao cromato se baseava principalmente no efluxo de cromato (Nies, 1999). O gráfico mostra que a bactéria F é mais resistente ao crómio e pode tolerar concentrações de Cr^{6+} inferiores a 10 mM. Por conseguinte, pode ser a melhor candidata para a bioremediação do Cr^{6+} .

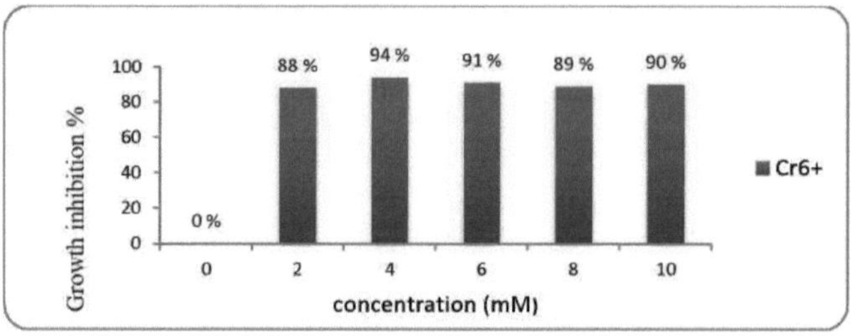

Figura 4.11 Percentagens de inibição do crescimento por diferentes concentrações de Cr^{6+} no isolado H (Fonte: Autores)

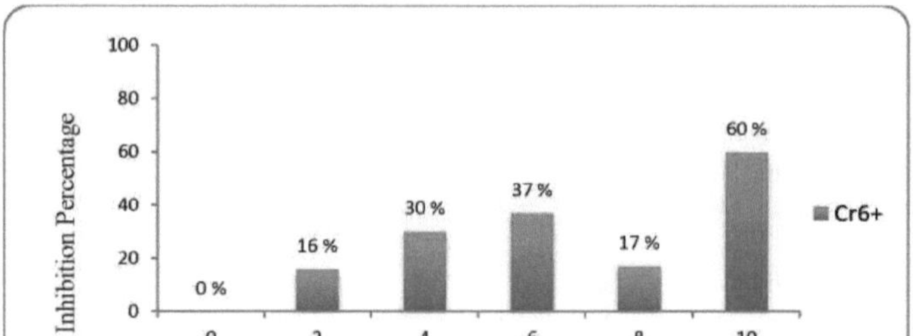

Figura 4.12 Percentagens de inibição do crescimento por diferentes concentrações de Cr^{6+} no isolado F (Fonte: Autores)

A Figura 4.13 mostra que a uma concentração de Zn^{2+} de 2 mM, o crescimento bacteriano foi inibido em aproximadamente 61%. Isto mostra que H não é capaz de resistir ao cádmio numa concentração superior a 2 mM de Zn^{2+} . Por conseguinte, a concentração inibitória mínima foi determinada a 2 mM. Como pode ser visto na figura 4.14, o crescimento do isolado F foi inibido a uma concentração de 10 mM de Zn^{2+} em aproximadamente 60%. Isto mostra que F é capaz de resistir a concentrações inferiores a 10 mM. Por isso, a concentração inibitória mínima foi determinada em 10 mM.

Comparando estas duas figuras (4.13 e 4.14), pode concluir-se que o isolado F pode tolerar mais concentrações de zinco. No mundo microbiano prevalecem vários mecanismos para ultrapassar a toxicidade dos metais. Estes vão desde o sequestro ao efluxo ativo e, em alguns casos, ambos os mecanismos podem coexistir. A modificação da parede celular e a bioprecipitação são outros mecanismos utilizados pelas células bacterianas para reduzir o efeito tóxico. Existem mecanismos reguladores bem coordenados, que permitem às células reter quantidades essenciais de zinco, sem permitir a acumulação de concentrações tóxicas. São conhecidas poucas proteínas reguladoras do zinco e sistemas reguladores de dois componentes, incluindo um "sensor" e um "regulador de resposta", para a regulação do operão de resistência ao zinco (Choudhury, 2001).

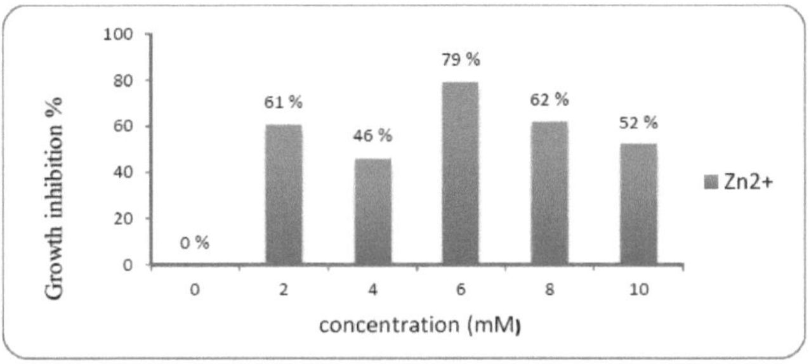

Figura 4.13 Percentagens de inibição do crescimento por diferentes concentrações de Zn^{2+} no isolado H (Fonte: Autores)

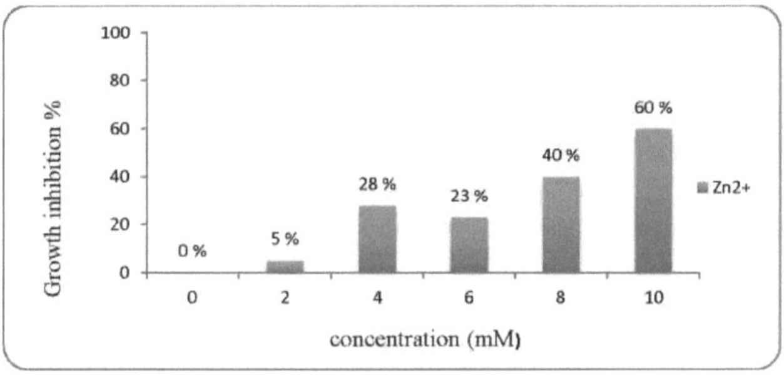

Figura 4.14 Percentagens de inibição de crescimento por diferentes concentrações de Zn2+ no isolado F (Fonte: Autores)

A observação mais importante que pode ser feita a partir da comparação das Figuras 4.15 e 4.16 é que a bactéria F pode tolerar concentrações mais elevadas de iões metálicos do que a bactéria H. O arsenito foi também o mais tóxico para o isolado F. Por isso, foi feita a caraterização bioquímica do isolado F, tal como se discute na secção seguinte.

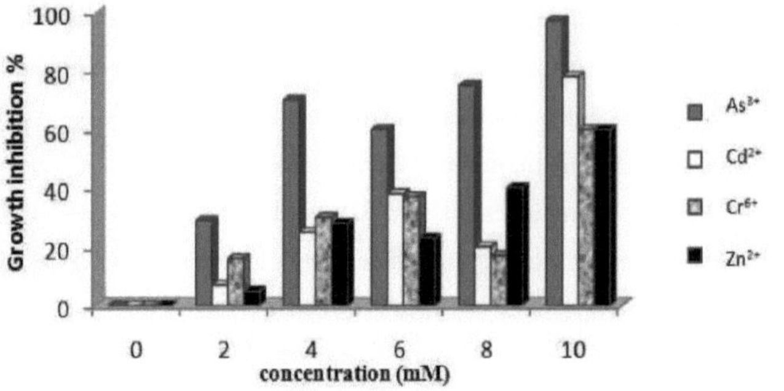

Figura 4.15 Percentagens de inibição por diferentes concentrações dos iões (As^{3+} , Cd^{2+} , Cr^{6+} e Zn^{2+}) no isolado F (Fonte: Autores)

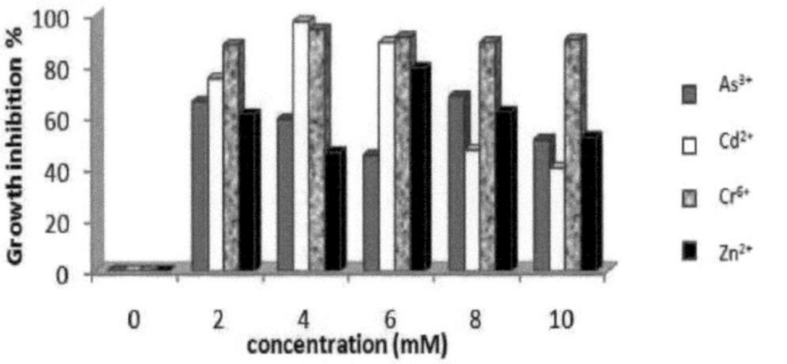

Figura 4.16 Percentagens de inibição por diferentes concentrações dos iões (As^{3+} - Cd^{2+}, $Cr6^{+}$ e Zn^{2+}) no isolado H (Fonte: Autores)

4.6 Caraterísticas morfológicas e bioquímicas do isolado F

Foram efectuados testes bioquímicos para caraterizar e identificar o isolado. A Tabela 4.3 demonstra a morfologia do isolado F obtida a partir da placa de espalhamento. A Tabela 4.4 resume os resultados dos testes bioquímicos e de coloração.

4.6.1 Coloração de esporos

A coloração de Gram e de esporos foi efectuada de acordo com os métodos mencionados no capítulo três. Além disso, os resultados da coloração de Gram foram apresentados nas Figuras 4.2 e 4.3. A Figura 4.17 mostra a imagem da coloração de esporos do isolado F.

Figura 4.17 Coloração de esporos do isolado F (Fonte: Autores)

Tabela 4.3: Morfologia das colónias dos isolados obtidos em spread plate (Fonte: Autores)

Isolar	**F**
Configuração	Regular
Margem	Suave
Cor	Branco
Textura	Seco

Tabela 4.4: Coloração e caraterísticas bioquímicas de F(Fonte: Autores)

Teste	**Resultado**	**Descrição**
Gelatinase	+	Foi observada a hidrólise da gelatina
Catalase	+	Foram observadas bolhas
Amilase	+	O amido na placa foi alterado para castanho-azulado pelo reagente de iodo
Coloração de Gram	+	Forma de cilindro de extremidade redonda (bacilo), cor púrpura
Coloração de esporos	+	Os endosporos foram monitorizados

Os bacilos gram-positivos formadores de esporos são as espécies *Bacillus* e *Clostridium*. Estes bacilos são omnipresentes e, como formam esporos, podem sobreviver num ambiente durante muitos anos. As espécies de *Bacillus* são aeróbios, enquanto *os Clostridia* são anaeróbios.

O género Bacillus inclui grandes bastonetes aeróbicos, gram-positivos, que ocorrem em cadeia. A maioria dos membros deste género são organismos saprófitas que prevalecem no solo, na água, no ar e na vegetação, como *Bacillus cereus* e *Bacillus subtilis*. Alguns são agentes patogénicos de insectos. O B. cereus pode crescer nos alimentos e produzir uma enterotoxina ou uma toxina emética e causar intoxicação alimentar (Logan *et al.*, 2006). Os esporos de diferentes espécies de *Bacillus* são muito resistentes a condições ambientais adversas e são metabolicamente inactivos, pelo que estão comprometidos como um tipo de bactéria envolvida na deterioração e intoxicação alimentar (Ghosh *et al.*, 2008). Da mesma forma, trabalhos anteriores (Ahmad *et al.*, 2010) isolaram várias espécies psicrotróficas de *Bacillus* de ambientes frios. O isolado F é um microrganismo aeróbio e pode crescer a baixa temperatura (4° C) com um crescimento ótimo a 20° C. De acordo com os resultados da coloração e dos testes bioquímicos (esporos e gram positivos), é mais plausível que o isolado F seja uma espécie de *Bacillus.*

4.7 Identificação da bactéria F por sequenciação do gene 16S rRNA

4.7.1 Extração de ADN

O material genómico de F foi isolado utilizando o Promega® DNA Purification Kit. A presença de ADN foi detectada por eletroforese em gel com Mass Rule como régua de ADN. A banda de ADN detectada estava localizada num comprimento anterior à régua de ADN (Figura 4.18), indicando que o nucleótido extraído tinha um comprimento superior a 10 000 pares de bases.

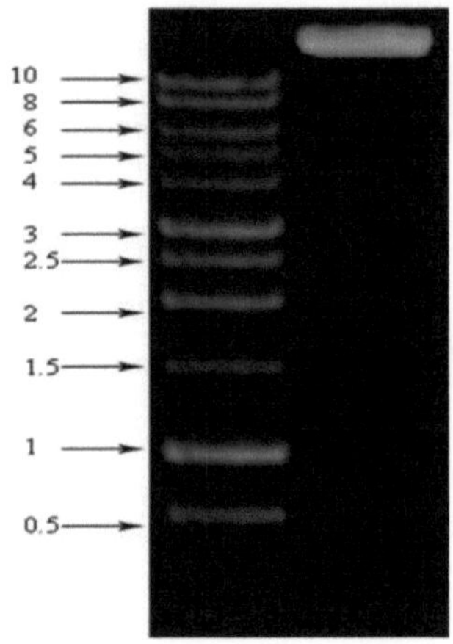

Figura 4.18 Eletroforese em gel de agarose de ADN genómico não digerido
Pista 1: Escada de ADN de 1 kb da Promega
Faixa 2: ADN genómico (0,25 µg/µl) preparado a partir da bactéria F (Fonte: Autores)

4.7.2 Reação em cadeia da polimerase (PCR)

Após a extração do ADN e a eletroforese em gel, procedeu-se à amplificação por PCR do gene 16S rRNA utilizando o ADN genómico extraído como modelo. A PCR foi efectuada conforme descrito no ponto 3.3.10.3. A eletroforese em gel foi realizada novamente para garantir que o gene 16S rDNA foi amplificado com êxito. As imagens do produto da PCR são mostradas na Figura 4.19. A condição do gel foi de 1% e a quantidade de DNA ladder carregada foi de 2 µg. As imagens da eletroforese em gel mostram as seguintes duas linhas: a primeira linha é o DNA Ladder de 1kb (bp) e a segunda linha é o DNA genómico extraído de F, que migrou com êxito para a região de 1500 Kb.

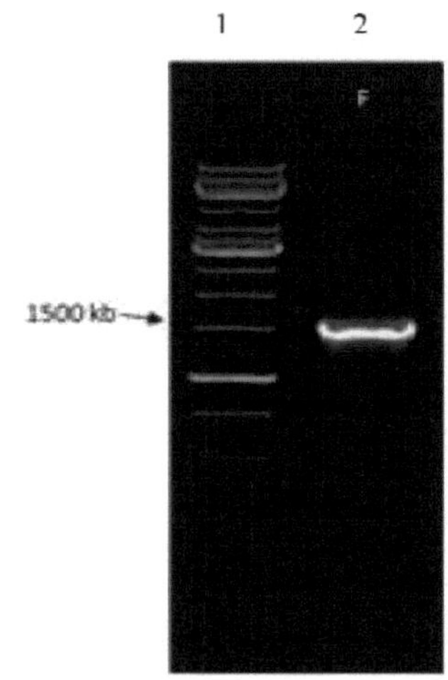

Figura 4.19 bandas do resultado da PCR (Fonte: Autores)

4.7.3 Sequenciação do gene 16S rRNA

A purificação do ADN foi efectuada utilizando o "Real Genomics DNA/RNA purification kit". Os contaminantes ou impurezas foram removidos durante o processo de purificação. A ausência de contaminantes foi confirmada através da passagem do produto purificado por eletroforese em gel. O produto de PCR purificado foi enviado ao First BASE Laboratories para sequenciação. A sequência foi pesquisada quanto à sua homologia com outras sequências de rRNA através de uma base de dados como a NCBI BLAST. Em seguida, a sequência de comprimento total (Figura 4.20) foi utilizada para efetuar BLAST, a fim de determinar a sua semelhança com outras espécies (Figura 4.21).

ANNNANCAGGCGGGCTATCTGCAGTCGAGCGATGGATTAAGAGCTTGCTCTTATGAAGTT
AGCGGCGGACGGGTGAGTAACACGTGGGTAACCTGCCCATAAGACTGGGATAACTCCGGGAAACC
GGGGCTAATACCGGATAACATTTTGAACCGCATGGTTCGAAATTGAAAGGCGGCTTCCGCTGTCAC
TTATGGATGGACCCGCGTCGCATTAGCTAGTTGGTGAGGTAACGGCTCACCAAGGCAACGATGCG
TAGCCGACCTGAGAGGGTGATCGGCCACACTGGGACTGAGACACGGCCCAGACTCCTACGGGAGG
CAGCAGTAGGGAATCTTCCGCAATGGACGAAAGTCTGACGGAGCAACGCCGCGTGAGTGATGAAG
GCTTTCGGGTCGTAAAACTCTGTTGTTAGGGAAGAACAAGTGCTAGTTGAATAAGCTGGCACCTTG
ACGGTACCTAACCAGAAAGCCACGGCTAACTACGTGCCAGCAGCCGCGGTAATACGTAGGTGGCA
AGCGTTATCCGGAATTATTGGGCGTAAAGCGCGCGCAGGTGGTTTCTTAAGTCTGATGTGAAAGCC
CACGGCTCAACCGTGGAGGGTCATTGGAAACTGGGAGACTTGAGTGCAGAAGAGGAAAGTGGAA
TTCCATGTGTAGCGGTGAAATGCGTAGAGATATGGAGGAACACCAGTGGCGAAGGCGACTTTCTG
GTCTGTAACTGACACTGAGGCGCGGAAGCGTGGGGAGCAAACAGGATAGATACCCTGGGTAGTCC
ACGCCGTAAACGATGAGTGCTAACCGTTAGAGGGTTCCCCCCCTTTATTACTGAAGTTAACGCATT
TATCACTCCGCCTGGCGAGTTCGGACGCCAGGCTGAAACTCACAAGGAATTGACAGAGCCCCTC

Figura 4.20 Sequência parcial da estirpe F (Fonte: Autores)

Os resultados do BLAST mostraram que o isolado F tinha 98% de semelhança com *Bacillus sp.*

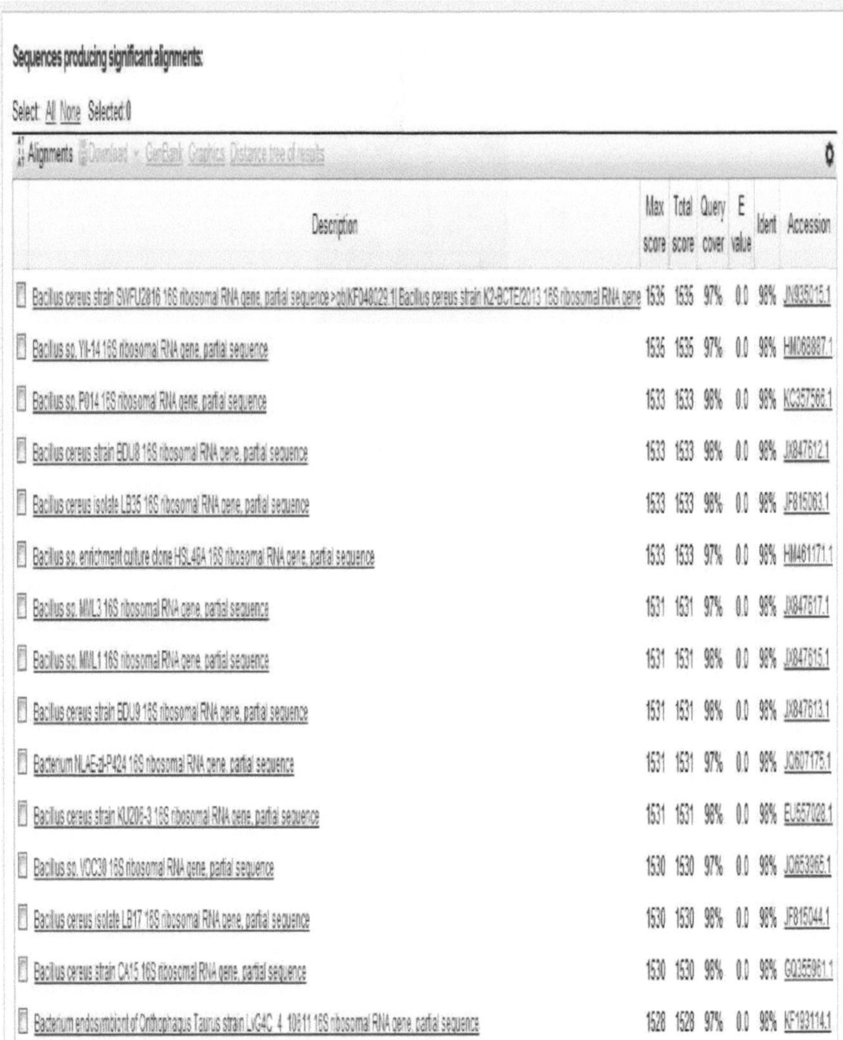
Sequences producing significant alignments:

Select: All None Selected:0

Alignments Download GenBank Graphics Distance tree of results

Description	Max score	Total score	Query cover	E value	Ident	Accession
Bacillus cereus strain SWFU2816 16S ribosomal RNA gene, partial sequence >gb|KF048029.1| Bacillus cereus strain K2-BCTE/2013 16S ribosomal RNA gene	1535	1535	97%	0.0	98%	JN935015.1
Bacillus sp. YII-14 16S ribosomal RNA gene, partial sequence	1535	1535	97%	0.0	98%	HM068887.1
Bacillus sp. P014 16S ribosomal RNA gene, partial sequence	1533	1533	98%	0.0	98%	KC357566.1
Bacillus cereus strain BDU8 16S ribosomal RNA gene, partial sequence	1533	1533	98%	0.0	98%	JX847612.1
Bacillus cereus isolate LB35 16S ribosomal RNA gene, partial sequence	1533	1533	98%	0.0	98%	JF815063.1
Bacillus sp. enrichment culture clone HSL48A 16S ribosomal RNA gene, partial sequence	1533	1533	97%	0.0	98%	HM461171.1
Bacillus sp. MML3 16S ribosomal RNA gene, partial sequence	1531	1531	97%	0.0	98%	JX847617.1
Bacillus sp. MML1 16S ribosomal RNA gene, partial sequence	1531	1531	98%	0.0	98%	JX847615.1
Bacillus cereus strain BDU9 16S ribosomal RNA gene, partial sequence	1531	1531	98%	0.0	98%	JX847613.1
Bacterium NLAE-zl-P424 16S ribosomal RNA gene, partial sequence	1531	1531	97%	0.0	98%	JQ607175.1
Bacillus cereus strain KU206-3 16S ribosomal RNA gene, partial sequence	1531	1531	98%	0.0	98%	EU557028.1
Bacillus sp. VOC30 16S ribosomal RNA gene, partial sequence	1530	1530	97%	0.0	98%	JQ653965.1
Bacillus cereus isolate LB17 16S ribosomal RNA gene, partial sequence	1530	1530	98%	0.0	98%	JF815044.1
Bacillus cereus strain CA15 16S ribosomal RNA gene, partial sequence	1530	1530	98%	0.0	98%	GQ355961.1
Bacterium endosymbiont of Onthophagus Taurus strain LvG4C_4_10611 16S ribosomal RNA gene, partial sequence	1528	1528	97%	0.0	98%	KF193114.1

Figura 4.21 Sequências que produzem alinhamentos significativos com F (BLAST) (Fonte: Autores)

4.7.4 Estudo da árvore de filogenia

Foram selecionados dez candidatos da análise BLAST juntamente com a sequência de F para efetuar o alinhamento utilizando o MEGA5 versão 4.0.2, e foram construídas as árvores de filogenia da estirpe F com o teste de bootstrap Neighbor-Joining. Os pormenores são apresentados na Figura 4.22.

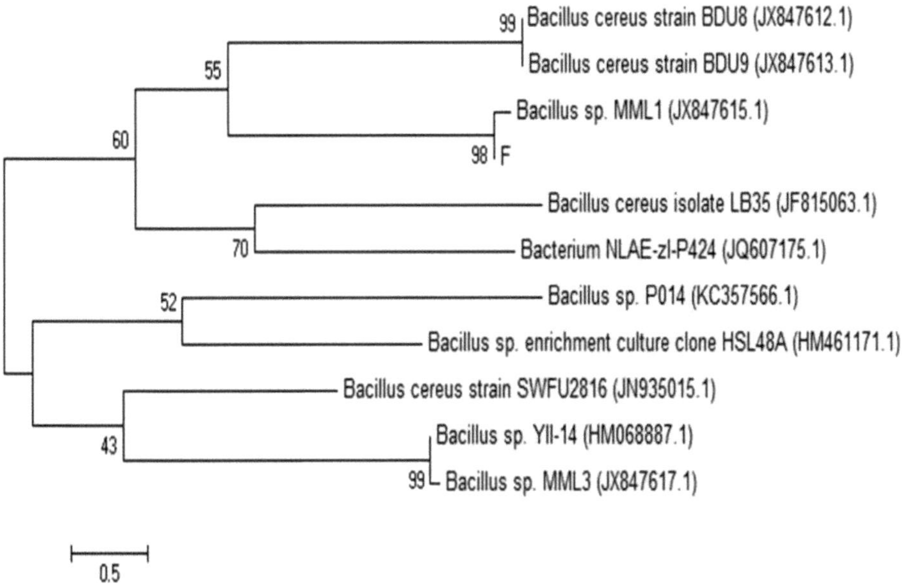

Figura 4.22 Árvore de filogenia MEGA5 Neighbour-Joining de F (Fonte: Autores)

Capítulo 5: Conclusão

5.1 Conclusão

Neste estudo, as bactérias psicrotróficas, F e H, foram isoladas com êxito a partir de iogurte estragado em LB Agar utilizando uma placa de espalhamento e o método de estrias a 4°C. A coloração de Gram revela que F é uma bactéria gram positiva com forma de bacilo e H é uma bactéria gram positiva com forma de cocos. No presente estudo, após o método de difusão em disco e o teste MIC, foi detectado um elevado grau de resistência a metais pesados associado a múltiplas resistências a antibióticos para ambas as bactérias isoladas. O isolado F foi geralmente considerado mais resistente do que o isolado H a concentrações mais elevadas de iões metálicos testados. Os resultados da comparação da análise do rRNA 16S revelaram que o isolado F partilha uma correspondência de 98% de identidade com *Bacillus* sp.

5.2 Trabalho futuro

Para trabalhos futuros, esta estirpe poderá ser utilizada como estirpe microbiana modelo para compreender os mecanismos de resistência aos metais e como fonte de enzimas psicrotróficas com aplicações potenciais para a bioremediação de metais pesados em ambientes frios. Por conseguinte, trata-se de uma bactéria que possui a capacidade de resistência a metais pesados e antibióticos através da desintoxicação das toxinas antibacterianas.

Estudos demonstraram que a desintoxicação bacteriana está a tornar-se cada vez mais importante na bioremediação, em comparação com as taxas de decomposição química ou natural, que são muito mais lentas do que as taxas de oxidação biológica (Kinegam *et al.,* 2008). A capacidade de crescimento das manchas microbianas na presença de metais pesados seria útil no tratamento de águas residuais, onde os microrganismos estão diretamente envolvidos na decomposição da matéria orgânica em processos biológicos para o tratamento de águas residuais, porque muitas vezes o efeito inibitório dos metais pesados é um fenómeno comum que ocorre no tratamento biológico de águas residuais (Filali *et al.*, 2000).

Os resultados do estudo preliminar sugerem que a F é uma bactéria psicrotrófica, uma vez que foi capaz de crescer a baixas temperaturas, tornando assim possível a sua aplicação na bioremediação de metais pesados em ambientes frios.

Agradecimentos

Os autores agradecem à Universiti Teknologi Malaysia (UTM) e ao Ministério da Educação da Malásia pelo financiamento da investigação. Os autores expressam a sua profunda gratidão à Lambert Academic Publishing (LAP) pela publicação deste livro.

Referências

Ahmad, B., Javed, I., Ali Shah,A., Hameed,A.,and Hasan,F.(2009) Psychrotrophic bacteri isolated from -20°C freezer. *Jornal Africano de Biotecnologia.* 2010.9(5). 718-724

Alatossava, P.M., Alatossava,T,.(2006). O lado mais sombrio dos psicrotróficos deterioradores do leite cru.

Amer, I., El-Aal,S., Eskander,M. (2005). Prevalência de psicrotróficos no leite vendido na província de Sharkia. *Zag. Vet. J.* 33, 165-172

Bruins, M. R., Kapil, S., & Oehme, F. W. (2000). Microbial resistance to metals in the environment. *Ecotoxicologia e segurança ambiental, 45(3),* 198-207.

Campbell, S.J., Nelson, C.L., Bae, I., Stryjewski, M.E., Federspiel, J.J., Tonthat, G.T., Rude, T.H., Barriere, S.L., Corey, R., e Fowler Jr, V.G. (2007). Genotypic Characteristics of Staphylococcus aureus Isolates from a Multinational Trial of Complicated Skin and Skin Structure Infections *Journal of Clinical Microbiology.* 678-684

Cappuccino, J.G. e Sherman, N., 2002. Microbiol. um manual de laboratório.

Case, R. J., Boucher, Y., Dahllo, I., Holmstro, C., Doolittle, F. e Kjelleberg, S.

(2007). Utilização dos genes 16S rRNA e rpoB como marcadores moleculares para estudos de ecologia microbiana. *Microbiologia Aplicada e Ambiental.* 278-288.

Casewell, M., Marco, E., McMullin, P., e Phillips, I. (2003). A proibição europeia de antibióticos promotores de crescimento e as consequências emergentes para a saúde humana e animal. *Journal of Antimicrobial Chemotherapy.* 52: 159-161

Choudhury, R., & Srivastava, S. (2001). Mecanismos de resistência ao zinco em bactérias. *Current Science, 81(7),* 768-775.

Cox, L.A., (2006). Quantifying Potential Human Health Impacts of Animal Antibiotic Use: Enrofloxacin and Macrolides in Chickens Journal of *Risk Analysis, 26:* 135-146,

Dalluge, J.J., Hamamoto, T., Horikoshi, K., Morita, R.Y., Stetter, K.O., e McCloskey, J.A. 1997.Posttranscriptional modification of tRNA in psychrophilic bacteria. *Journal of Bacteriology.* 179: 1918-1923

Dave, S. R., Gupta, K. H. e Tipre, D. R. (2008). Caracterização de *Acidithiobacillus ferrooxidans* resistentes ao arsénio e oxidantes de arsenopirite de lixiviados e efluentes de ouro de Hutti. *Bioresource Technology,* 99(16), 7514-7520.

De Souza, M., Nair, S., Bharathi, P., Chandramohan, D. (2006) Metal and antibioticresistance in psychrotrophic bacteria from Antarctic Marine waters. *Ecotoxicologia* .15, 379-384

Eddy, B.P. 1960. O uso e o significado do termo "psicrófilo". *Journal of Applied Bacteriology.* 23:189-190

Feller, G., e Gerday, C. 1997. Psychrophilic enzymes: molecular basis of cold adaptation. Cell. Mol. Life Sci. 53: 830-841.

Filali, B. K., Taoufik, J., Zeroual, Y., Dzairi, F. Z., Talbi, M., & Blaghen, M. (2000). Isolados bacterianos de águas residuais resistentes a metais pesados e antibióticos.*Current microbiology, 41(3),* 151-156.

FORSTER (1887). Ueber einige Eigenschaften leuchtender Bakterien. Centr. Bakt. 2, 337-40.

Frankenberger, W. T. (2002). *Environmental chemistry of arsenic.* Marcel Dekker.

Gounot, A.M., e Russell, N.J. 1999. Fisiologia de microorganismos adaptados ao frio. In: Biology of Cold-Adapted Organisms. R. Margesin e F. Schinner, eds. Springer Verlag, Berlin-Heidelberg. p. 3-

15.

Graham-Smith, G. S. (1920). The behaviour of bacteria in fluid cultures as indicated by daily estimates of the numbers of living organisms. J. Hyg. 19, 133-204.

Gram, L. et al., 2002. Deterioração dos alimentos - interações entre bactérias de deterioração dos alimentos. *Revista internacional de microbiologia alimentar,* 78(1-2), pp.79-97. Disponível em: http://www.ncbi.nlm.nih.gov/pubmed/12222639.

Ghosh S, Subudhi E, Nayak S (2008). Ensaio antimicrobiano de extractos de folhas de *Stevia rebaudiana* Bertoni contra 10 agentes patogénicos. Int J Integrat Biol. 2: 27-31.

Haddix, P. L., Paulsen, E. T., & Werner, T. F. (2000). Medição da mutação para resistência a antibióticos: resistência à ampicilina em Serratia marcescens. *Bioscene.* 26(1), 17-21.

Hankin, L., Stephens, G.R. and Dillman, W.F. (1975) Quality control significance of special media for enumeration of microbial groups in cottage-type cheese. J. Milk Food Technol. 38, 7388744.

Hassen, A., Saidi, N., Cherif, M., & Boudabous, A. (1998). Resistência de bactérias ambientais a metais pesados. *Bioresource Technology, 64*(1), 7-15.

Hussein, H., Farag, S., Kandil, K., & Moawad, H. (2005). Tolerância e absorção de metais pesados por Pseudomonads. *Process biochemistry, 40*(2), 955-961.

Hebraud, M. & Potier, P., 1999. Resposta ao choque frio e adaptação a baixas temperaturas em bactérias psicrotróficas. *Journal of molecular microbiology andbiotechnology,1(2),pp.211-9.*

Herbert, R. 1986. Organismos psicrófilos. In: Microbes in Extreme Environments. R. Herbert e G. Codd, eds. Academic Press, Londres. p. 1-23.

Jay, James M., Loessner, Martin J., Golden, David A. modern food microbiology .7th ed. 2004, XX, 790p. 87 ilustrações.

Jayaraman, R. (2009). Antibiotic Resistance (Resistência aos antibióticos): An Overview of Mechanisms and a Paradigm Shift (Uma visão geral dos mecanismos e uma mudança de paradigma). *Current Science,* 96 (11), 1475 - 1484.

Jayaraman, R. (2009). Antibiotic Resistance (Resistência aos antibióticos): An Overview of Mechanisms and a Paradigm Shift (Uma visão geral dos mecanismos e uma mudança de paradigma). *Current Science*, 96 (11), 1475 - 1484.

Johnson, J.R., Smith, K., O'Bryan, T.T., e Tatini, S. (2005). Escherichia coli patogénica extra-intestinal e resistente aos antimicrobianos em alimentos a retalho. *Journal of Infecticious Diseases* 191: 1029-1031

Kanbakan U, Qon AH, Ayar A (2004). Determinação das fontes de contaminação microbiológica durante a produção de gelado em Denizli. Turkey Food Control 15: 463-470.

Kapil, A. (2005). O desafio da resistência aos antibióticos: Need to Contemplate. *Indian Journal of Medical Research,* **121**, 83 - 91. Instituto de Ciências Médicas de toda a Índia.

Kinegam, S., Yingprasertchai, T., Tanasupawat, S., Leepipatpiboon, N., Akaracharanya, A. e Kim, K.-W. (2008). Isolamento e Caracterização de Bactérias Oxidantes de Arsenito de Solos Contaminados com Arsénio na Tailândia. *Jornal Mundial de Microbiologia e Biotecnologia,* 24(12), 3091-3096.

Kraft, A.A.(1986) Psychrotrophic organisms. Em "Advances in Meat Research. *Meat and Poultry Microbiology", ed. A.M. Pearson e T.R. Dutson. A.M. Pearson e T.R. Dutson. 2,*191

Law,B.A.(1979) Reviews of the progress of dairy science: enzymes of psychrotrophic bacteria and their effect on milk and milk products. J. Dairy Res. 46, 573-588.

Malik, A. (2004). Bioremediação de metais através de células em crescimento. *Ambiente*

Internacional. 30, 261-278.

Manus, M. C. (1997). Mechanisms of bacterial resistance to antimicrobial agents (Mecanismos de resistência bacteriana a agentes antimicrobianos). *Jornal Americano da Sociedade de Farmácia do **Sistema** de Saúde*. 54,1420 -1433.

Morita, R.Y. 1975. Bactérias psicrófilas. Bacteriol. Rev. 39: 144-167. Ng, H., Ingraham, J.L., e Marr, A.G. 1962. Damage and derepression in Escherichia coli resulting from growth at low temperature. *Journal of Bacteriology*. 84: 331-339.

Ng, H. J. e Huyop, F. Z. (2007). Desalogenação de Ácido Alifático Clorado

Nicholas J. Russell *Camp*. (1997). Bactérias Psicrófilas - Adaptações Moleculares dos Lípidos de Membrana. *Journal of Physiology and Biochemistry*. 3, 489-493

Nies, D. H. (1999). Microbial heavy-metal resistance. *Applied microbiology and biotechnology*, *51*(6), 730-750.

Olson,J.C., Nottingham, P.M. (1980). Temperature In "Microbial Ecology of Foods. *Academic Press, In .1, 1*

Poole, R. K., & Gadd, G. M. (1989). *Metal-microbe interactions*. Oxford University Press, EUA.

Roane, T. M., & Pepper, I. L. (1999). Microbial responses to environmentally toxic cadmium (Respostas microbianas ao cádmio ambientalmente tóxico). *Microbial ecology, 38(4)*, 358-364.

Roane, T. M., & Pepper, I. L. (2000). Microorganismos e *poluentes* metálicos. *Microbiologia ambiental*, 403-423.

Russell, A.D. e Chopra, I. (1996). Compreender a ação antibacteriana e a resistência. Hertfordshire. Ellis Horwood Limited

Russell, N.J. 1990. Adaptação ao frio dos microrganismos. Philos. Trans. Roy. Soc. Lond. 326: 595-611.

Santos, J.A., 1996. Caracterização e atividade extracelular de bactérias psicrotróficas isoladas do queijo Villalbn (variedade fresca de queijo de ovelha espanhol)., 33, pp.301-306.

Sarker, D., Roy, N., e Yeasmin, T. (2010). Isolamento e sensibilidade aos antibióticos da estirpe de Bacillus thuringinesis do solo de lixeira. *Malaysian Journal of Microbiology*. 6, 127-132.

Shilpi Sharma, (2012), Disponível online em www.ajpls.com Artigo de revisão Bioremediação: Caraterísticas, estratégias e aplicações. Asian Journal of Pharmacy and Life Science ISSN 2231 - 4423 Vol. 2 (2).

Staley JT, Junge K, Deming J (2002). E, alguns gostam de frio. Em: Staley JT, Reysenbach AL (Eds.) Biodiversity of Microbial Life: Foundation of Earth's Biosphere. John Wiley & Sons, Nova Iorque, p. 25.

Tenover, F. C. (2006). Mechanisms of antimicrobial resistance in bacteria (Mecanismos de resistência antimicrobiana em bactérias). *The American journal of medicine*. 119(6), S3-S10.

Recursos de Remediação Ambiental da TerraNova". Terranovabiosystems.com. 2009-08 31 .em http://www.terranovbiosystems.com/science/remidiationresourceshtml.Retrieved 2011-03-22

Verma, T., Srinath, T., Gadpayle, R. U., Ramteke, P. W., Hans, R. K., & Garg, S. K. (2001). Bactérias tolerantes ao cromato isoladas de efluentes de curtumes. *Bioresource technology, 78*(1), 31-35.

Apêndices

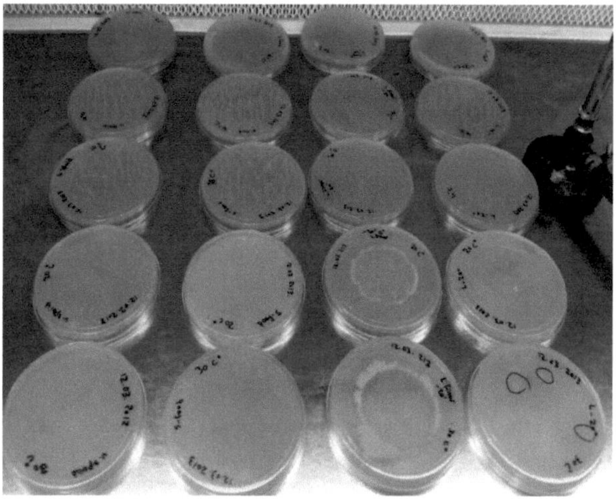

Figura A Todas as placas incubadas a 4°C, 10°C, 20°C e 30°C (Fonte: Autores)

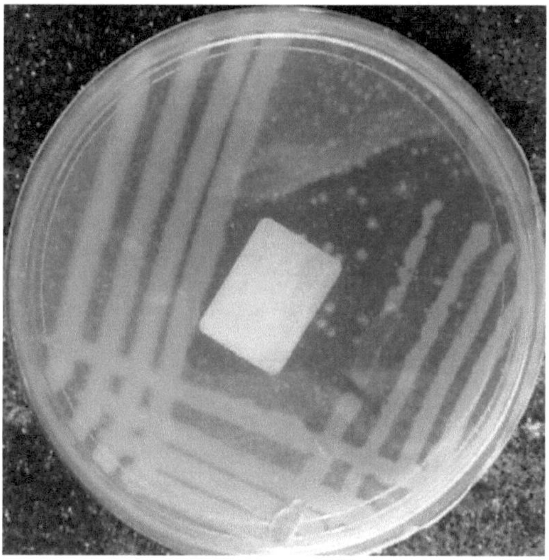

Placa C

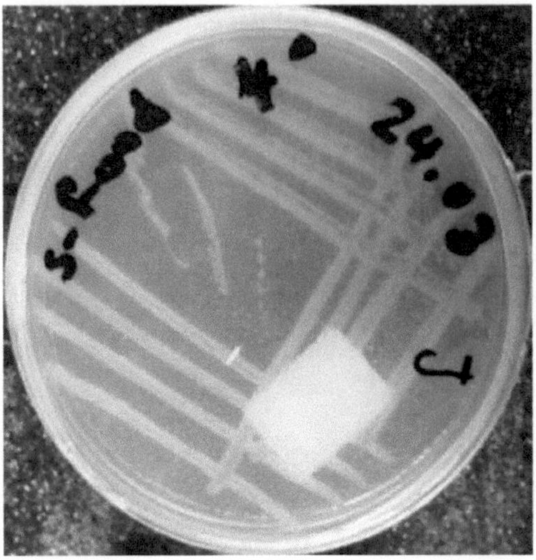

Placa J

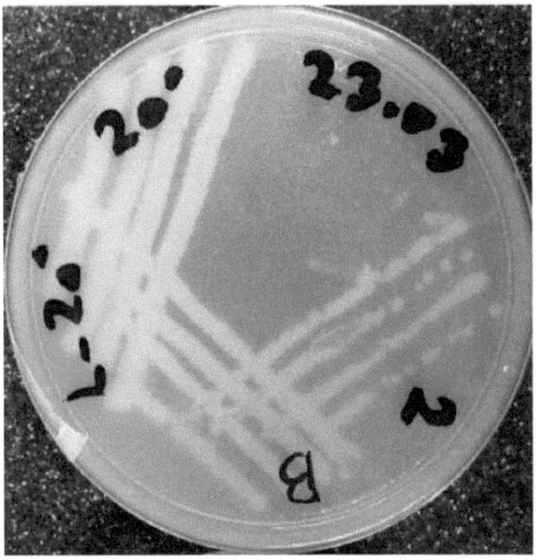

Placa B

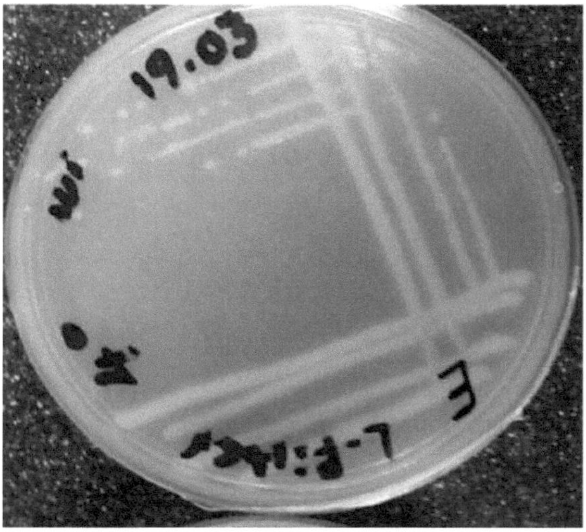

Placa E

Figura b Bactérias isoladas de diferentes temperaturas e fontes (Placas C,J, B& E) (Fonte: Autores)

Tabela A: Números de colónias de bactérias (F e H) em diferentes diluições (UFC) (Fonte: Autores)

Diluição	Bactéria **F** (números)	Bactéria **H** (números)
10^{-3}	TMTC	TMTC
10^{-4}	TMTC	TMTC
10^{-5}	100	TMTC
10^{-6}	TFTC	36
10^{-7}	TFTC	TFTC
10^{-8}	TFTC	TFTC

MIX
Papier aus verantwortungsvollen Quellen
Paper from responsible sources
FSC® C105338

Printed by Books on Demand GmbH, Norderstedt / Germany